U0021909

比按「讚」更重要的事！

挑戰消費腦的
DTC邏輯

牟家和——著

Direct to Customer

目 CONTENTS 錄

如何為消費者創造具體且長期的價值

　　我馬克凡 Mark Ven 身為一個連續創業者與品牌經營者，覺得這本書，真的太適合各階段想做品牌的人，值得靜下心來，反覆地看！不論是創業者、想進入行銷這個行業抑或是高階主管、學生們，人人都值得一看！

　　作者也是連續創業者，書中提到的方法也跟我自己的實戰經驗十分雷同；作者甚至在書中舉出各個品牌的實際操作實例，每則都與作者所提「雙環增長模型」環環相扣，是一本理論、觀念、案例、實操等各方面都兼具的好書！

　　若依照我慣用的說法，DTC（Direct to Consumer）其實就是 D2C，當我在服務客戶進行會員計劃的設計，或是品牌定位時，我也常以此方向來引導客戶。而作者也在書中一再強調 DTC 的核心，就是以消費者為中心，而非透過中間商，品牌直接與消費者互動，更加貼近消費者；待洞悉消費者的各方需求後，提供客製化、個性化的產品和服務，贏得消費者的心。

　　書中甚至還提到一個我也常提及的觀念，那就是「超級用戶經營」。與其不停地開發新客戶，不如定義好核心用戶，用心經營，讓他們變成品牌大使，自然擴散成長。這個概念跟我在《關鍵思維》一書中提到的「長期思維」不謀而合。品牌的長久發展，需要一群死忠粉的支持，而所謂的超級用戶，說白了就是品牌的長期成長動力與基石。

　　除此之外，書中還針對打造品牌 IP、內容電商、社交電商等項目進行案例拆解，案例中如何點燃品牌熱度、刺激消費慾望、進而帶動銷量，快速成長都做詳細分享。這些案例對於任何想要轉型做 DTC 品牌的人來說，

實具參考價值。可以這麼說，這是一本專為品牌從傳統操作進化到 DTC 目標，提供一條龍解決方案的指南方針。

　　這是一本理論和實戰兼具的 DTC 行銷指南。誠如作者所說：「比按讚更重要的，是思考如何為消費者創造具體長期價值。」這需要從品牌面向思考，以更加開放、創新的心態迎接變化，打造一套以消費者體驗為核心的競爭力。

　　我相信這本書確實能為行銷人帶來很多寶貴的啟發，十分推薦！

馬克凡 Mark.Ven Chao
《關鍵思維》作者、IMV 品牌執行長

從零到億的底層邏輯……

截至目前，我總計經歷過三次創業，卻始終沒有離開企業服務這個領域，持續在為企業提供服務、創造價值。這些年，前後總計服務了近二千家公司，其中有很多新創的小公司，也有包括像蒙牛、五菱汽車等知名大型企業，甚至還包括百事可樂這種擠身世界五百大的龍頭企業。

在這當中，我陪伴和見證很多企業從 0 到 1，又從 1 到 N 的成長和發展過程。而有了這些過程的累積後我才發現，自己擁有很多經驗可以賦能給從 0 到 1 的新創企業和品牌，幫助它們快速實現創業夢想。並且有幸見證很多傳統企業的起步和發展，也陪伴著不少傳統品牌在上一代行銷商戰中，勇敢崛起……。

但到了今天，行銷操作已出現重大變化，DTC 的時代已到來。

作為 Web2.0 時代非常關鍵的產物之一，社交媒體在全世界快速發展，市場更為此迅速打造了一個資訊流動性強大的戰場。尤其是在 2020 年之後，社交媒體對經濟的刺激愈發猛烈，也讓企業、品牌、用戶三者之間的接觸路徑變得更短、互動頻率更高。而在整個網路市場對實體通路市場造成巨大衝擊之際，整個市場環境也跟著發生重大變化。在這些變化的催生下，中國市場開始為發展 DTC 提供越來越有利的環境。

新時代創造新品牌

從這個層面上來說，2020 年稱得上是中國 DTC 發展的元年。這意味著，從 2020 年開始，很多企業已完全避開傳統電商的主戰場，選擇用

DTC 的操作模式去創造中國未來的 DTC 品牌。話說一個時代造就一批品牌；不同的時代，當然可以造就不同的品牌。比如當年「中央電視台」的廣告造就「魯花」、「腦白金」、「農夫山泉」等品牌；「百度」興起造就「新東方」等知名品牌；「微信」興起時，更造就了「瑞幸咖啡」、「喜茶」等新消費品牌；而在今天，尤其是 2020 年之後，造就的就是越來越多的 DTC 品牌。這個規律正在告訴我們，在經營企業和操作品牌時，一定要時刻感覺時代的變化，唯有始終留在時代的浪潮裡奮鬥，才有可能成功創業。

作為一名創業者，我經歷過失敗，深知創業與經營的不容易。網路上有句話說得好：「因為自己淋過雨，所以才想為別人撐把傘。」而我就是在第三次創業時創辦了「知家」，目的就是為了幫助企業少走冤枉路，讓大家可在這個時代裡獲得長遠發展。在這個過程中，我們利用自己研究的「直接面對消費者」的理論和方法，成功帶領許多企業走過從 0 到 1，從 1 到 N 的發展階段。

在成就他人的過程中，我個人及整個「知家」團隊，也從此處獲得了強烈的滿足感和自信心。同時我也感恩自己的幸運，因為我正好跨越了品牌行銷新舊交替的兩個時代，既見證了老一代品牌從 0 到 1 的作法，也見證了新興品牌從 0 到 1 的起步和發展。多年的累積經驗，讓我對於品牌未來的發展有了一些獨特見解和感受，希望可與大家分享。於是，我決定著作寫書，嘗試用文字來把 DTC 一次說清楚，講透徹，並將一些「直接面對消費者」的成功經驗和方法傳授給更多有需要的人。

幫助企業，解決品牌操作困頓

本書主要分為三個部分，第一部分是重塑、改變觀念。從需求、供給、媒體三方面來描述當下市場的環境變化，分析在這些變化下求生存的企業主們，大家在思考邏輯、策略規劃、實務操作上的焦慮，說明唯有「直接面對消費者」才是解決問題的根本。同時，為了讓大家能夠深入瞭解DTC，我們詳細規畫其發展軌跡進行，精準拆解和分析其關鍵特徵。

本書第二部分則是闡述和驗證 DTC 的方法、體系。透過從「知家」實踐得來的 DTC 品牌「雙環增長模型」入手，詳細描述極致單品、超級用戶、品類王者的「DTC 品牌創新方法論」，關鍵管道、飽和內容、超級運營的「DTC 品效銷核心手段」。在講解理論和方法的過程中，更加入許多外部觀察和親身實踐的企業案例，讓大家透過生動有畫面的文字敘述，更加了解我想描述的觀念。

講完了客觀現狀和解決方法，第三部分自然要透過現象來觀察本質與趨勢。透過分析 DTC 的理論和發展趨勢，我總結了一些未來 DTC 品牌持續增長的關鍵，希望能為企業的未來提供正確方向，幫助大家找到一條解決品牌行銷困頓的捷徑。

我在這本書中搜集了很多理論和方法，這些資訊可說是歷經許多時代後的彙集，適用範圍非常廣泛。其中既有「知家」陪伴「蒙牛」、「五菱汽車」、「榮威」、「瀘州老窖」、「特步」等一些老品牌走過的創新行

銷之路，也有陪伴「貓王收音機」、「小仙燉」、「王小鹵」等創新品牌
的誕生、發展歷程。可以這麼說，在行銷的世界裡，「知家」是優秀的「雙
棲動物」，既能幫助傳統品牌展現新生機，也能陪伴新創品牌茁壯發展。
所以，這本書的實用性和意義都是不同凡響的。

　　早期的中國市場，很多 DTC 品牌在操作行銷時，遵循的都是「花錢」
邏輯。

　　什麼是「花錢」邏輯？簡單說就是創立一個品牌要花很多錢，要做很
多事。但這種邏輯是錯誤的，而想法既已出現偏差，結果當然不會太好。
而本書中所描述的行銷邏輯與現行觀念上的最大差異，即在於我們希望企
業要落實「以消費者為中心」，以此一理論重新思考行銷應該要做哪些事
情？

只有與用戶在一起，才有機會贏

　　在 Web3.0 時代已到來的今天，越來越多人不再重視消費者，反而熱
衷於談論虛擬實境（VR 技術）、人工智慧及去中心化。

　　的確，Web3.0 的變化將使網際網路變得更聰明、更符合人性，另外，
Web3.0 也具備許多優勢，其中最關鍵的一點就是協助網友們保護個資與反
壟斷，畢竟這正是 Web2.0 時代中始終被詬病的存在。但無論是在需要借
助協力廠商才能進行內容創造與交互的 Web2.0 時代，還是在無須依賴「仲
介」便可實現人與人之間的點對點交流，即萬物互聯的 Web3.0 時代，「以

消費者為中心」都將是商業社會不可替代的底層邏輯。

在我個人三次創業、陪伴近二千家企業成長發展的過程中，最明顯的感受就是，多數企業都說自己確實是「以消費者為中心」，但深究後可發現，多半只是將其當成一句口號，實際執行時便完全走樣。坊間很多行銷工具書多半都會教大家一些心法、技巧，但我這本書完全打破原有窠臼─你可以什麼都沒有，但只要你擁有一個用戶，你就有成功創業的可能。因為當你擁有一個用戶，你就可以圍繞著這個使用者去創造客製化商品，執行單點突破和複製。這樣一來，一個用戶就會變成一百個、一千個、一萬個用戶，甚至更多……，最終幫助你成功創業。

這就是「從零到億」的底層邏輯。

此外，我還想在書中傳遞一個重要資訊，一個全新的創業邏輯─開始創業，營業額從 0 元走到 1 億元的過程，這當中必須花費多長時間，基本上因人而異；資訊落後的企業可能需要多花幾年，觀念先進的企業則可能只需幾個月即可，而這個從零到億的時間差，就是企業的核心競爭力，我們可從中體悟企業應該如何操作行銷策略。此外，我希望大家在看完本書之後可以少走冤枉路，縮短這個從想像到實現的時間。

由衷希望本書能幫助大家找回創業初衷與回歸創立品牌的初心─自己真正服務的，其實就是你的使用者。

只有跟你的用戶在一起，你才有贏的機會。

牟家和

Chapter 1

行銷眞諦：
「無極限」地接近用戶

在新能源汽車（New Energy Vehicle）品牌競爭日益激烈的情況下，「五菱汽車」（Wuling Motors）快速發展並成爲領頭羊，關鍵就在於它無限度地接近使用者。透過觀察年輕世代的眞實需求，持續細分品項，突破商品的固有邏輯與框架，在滿足「下沉市場」代步剛需的同時，滿足了年輕世代對交通工具的個性化需求。推出的五菱宏光 MINIEV 新車款，頓時成爲年輕人眼中的「時尚新玩具」。

在宏光 MINIEV 上市後，透過潮創盛典改裝車展、KOL 達人共創、百家品牌聯創、社交媒體方程式內容傳播等品牌行銷動作，「五菱汽車」與改裝車主、新舊用戶們共同打造改裝文化社區，啓動年輕世代的參與感。透過這個極致單品，成功創造第一個汽車業的 DTC 品牌，帶領整個純電汽車市場，獲得「2021 年中國新能源單一車型銷量第一」的佳績。

今天的消費品企業正面臨著一個劇變的商業時代，這些趨勢改變原本的行業規則和經營策略，身爲市場中的一份子，品牌理應要去適應新時代的商戰模式和規則。

新零售時代下，
快速崛起的新消費品牌

2021 ～ 2022 年，疫情雖依舊存在，但很多傳統產業因爲新業態的加入而更顯活力十足，例如新消費品牌的快速崛起，便是一例。從「第一財經商業資料中心」（CBNData）[1] 的報告顯示，僅 2021 年 5 月，剔除尚未披露金額的 11 個投融資項目，新消費領域共完成 76 輪融資，其中有 29 個品牌融資更逾億元。

而從「天貓」公佈的「天貓 6 · 18 榜單」資料顯示，有 459 個新品牌摘下各自所在細分行業的銷售冠軍榮譽，而在 2020 年「雙 11 活動」期間，卻只有 360 個新品牌脫穎而出。上述資料再再顯示，新消費品牌正以驚人速度崛起。

過去，很多消費品牌苦心孤詣、兢兢業業，在宣傳廣告上投入大量人力、物力，但卻往往要耗費幾年、十幾年甚至幾十年的努力，才能喚回消費者的認可，變成家喻戶曉的品牌。在時局邁進新的商業時代後，很多傳統消費品牌已逐漸淡出市場，取而代之的是許多新成立，只用了三、四年，甚至一、二年就成爲擁有上億元資本額的新消費品牌。試想，過去若要你創辦一家公司或一個新品牌，你覺得需要花多少時間？我相信你的答案可

能是十年、五年或三年。但我現在認爲，有更多人的答案也許就是一年、
三個月甚至三十天。

　　這個時間差異爲什麼這麼大？是什麼加速了大量新消費品牌的崛起？
這個問題可從需求、媒體環境和供給面這三個方向去分析。而我認爲，新
消費品牌崛起的主因有以下幾點，如（圖 1-1）所示。

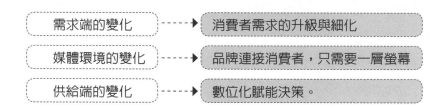

圖 1-1 新消費品牌崛起的主要原因

需求端的變化	╌╌╌➤	消費者需求的升級與細化
媒體環境的變化	╌╌╌➤	品牌連接消費者，只需要一層螢幕
供給端的變化	╌╌╌➤	數位化賦能決策。

需求端的變化

　　市場經濟格局不斷演進，之所以出現某種業態蓬勃發展的現象，最直
接的影響因素肯定是需求出現變化。或者說，是因爲消費者需求出現變化，
新消費品牌方才有了發展契機和基礎。而目前，消費者需求演變正在朝向
精緻化和升級這兩個方向，不斷推進。

消費者自我意識覺醒

由於消費群體的年齡層、生活場域、職業別、收入，甚至是產生消費欲望時的生活場景等因素差異甚大，消費需求因此開始呈現多樣化的分層特徵。「凱度中國」（Kantar China）在 2020 年公佈的〈後疫情時代的第一個消費狂歡〉調查報告中也提出，根據消費屬性的不同，可將中國消費者細分成小鎮青年[2]、Gen Z[3]、企業高階主管、精緻媽媽、中產階級[4]、一般勞工[5]、中高齡銀髮族和偏鄉地區老年人等八大族群。

每個消費族群均擁有專屬的消費場景，即便面對同類型商品，每位消費者的主需求也多半存在著極大差異。

例如同樣是買衣服，中產階級、Gen Z 追求的是個性化和時尚，而企業高管、精緻媽媽則較看重品牌和風格，至於從事勞力工作者、銀髮族等，品質和性價比則往往是首要考量因素。

因為消費客群的不斷分化，市場上出現各種新需求，催生出許多針對某些特定客群的新消費品牌。當然，消費者需求的細分不會只到這個程度而已，隨著個人消費觀念、自我意識的覺醒，即使是同一類型的消費者，對於同款商品的需求，往往也會有所不同。

還是以服飾類商品為例，小鎮青年、Gen Z 中的一部分客群，對傳統服飾產生濃厚興趣。其中，漢服的受歡迎程度一直居高不下，很多年輕人甚

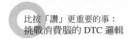
至會以漢服作爲平日穿著的服裝，或是作爲參加特定活動時的禮服。

漢服品牌「十三餘」就是看到這種年輕消費者的新興需求，2016 年，在漢服仍處於某一分眾需求的階段時就快速進入市場。而隨著漢服的逐漸流行，「十三餘」也從沒有多少人知道的「小咖」，逐漸成長爲漢服細分品項中的佼佼者。

根據「淘寶」和「天貓」發佈的品牌銷售資料來看，2020 年，「十三餘」在這兩個平台上的銷量已是漢服品牌中的第一名。資本市場也意識到漢服變成一種潮流，發展潛力大，而「十三餘」也因此率先獲益，前景看好。

消費者的千人千面，在新零售時代得到了進一步體現。消費性格、心理訴求、價值觀的差異，讓消費需求變得更多變。這也是很多新消費品牌能夠另闢蹊徑，透過細分領域，成功打入市場的關鍵。

消費者需求的升級

消費者需求在不斷細化的同時，其實也在持續升級。

當絕大多數產品能夠滿足消費者「物質」層面的基本需求時，人們早已不再侷限於只用「滿足基本需求」來衡量商品價值，而是開始注重產品或服務的附加價值、人格特質等感性層面。

　　以「精緻媽媽」這個消費群體爲例，「複星聯合第一財經商業資料中心」發佈的〈精緻媽媽的生活「三重奏」─2021精緻媽媽生活及消費趨勢洞察〉報告中的資料顯示，有76%的精緻媽媽在生活態度方面，選擇「努力活成自己喜歡的樣子，給孩子做個好榜樣。」

　　事實也是如此，在家庭消費上，「精緻媽媽」們會挪用19%的支出在自己身上，也就是所謂的「悅己消費」，像是美容護膚、精品服飾、醫療美容、健康飲食、健身、娛樂休閒等方面。

　　其實不只是「精緻媽媽」這個群體，Gen Z 的消費需求也在不斷升級。作爲最具消費前景、伴隨網際網路一同長大的 Gen Z，從小生活環境優越，自然擁有和上一個世代截然不同的消費觀念。一方面，他們更崇尙追求個性化、多樣化的高品質消費體驗；另外，他們擁有強烈的社會責任感與消費自信，願意爲自己喜歡的東西、文化、責任感而買單，願意爲滿足自己的社交需求、精神陪伴、價值認同感而消費。

　　在 Gen Z 眼中，這種消費升級是一種自我投資。若分析所有不同類型的消費客層，你會發現，不同客群在消費升級的表現上，形式雖各有千秋，但其邏輯仍是基於亞伯拉罕・哈羅德・馬斯洛（Abraham Harold Maslow）提出的「需求層次理論」而來。由於勞動力、收入的普遍提升，消費者在生理和安全層面上的需求已獲得滿足；與此同時，人們在社交、受人尊重、實現自我價值方面的需求，開始水漲船高。

為了滿足社交需求，消費者的「悅己消費」變多，例如各種健康產品、付費知識、旅遊娛樂服務等；為了滿足受人尊重的需求，消費者產生的某種圍繞「民族自豪感」的消費變多，例如眾多新興的國潮品牌便是一例；而為了滿足實現自我價值的需求，消費者開始追求，透過消費體現自己的愛國情懷和社會責任感。

2021 年，「鴻星爾克」（HONGXING ERKE GROUP）為受災地區捐款的善舉獲得大眾青睞，這就是最好的案例。

消費需求不斷升級，不僅造就許多全新的消費熱點，也為很多基於新的消費熱點而出現的新消費品牌，提供絕佳的發展機遇。

媒體環境的變化

消費者在網際網路時代，商品資訊的取得管道變得更加廣泛，過去主要作為行銷管道的媒體資源反而沒有那麼重要。出於自身社交的需求，消費者使用社交媒體的頻率逐漸增高。媒體環境的變化，也是新消費品牌快速崛起的利多因素之一。

由於社交媒體、使用工具的多樣化，社交媒體不再只是消費者在網路上表達自身需求的平台，這已是他們直接與有著共同需求的人進行交流的日常社交途徑。

社交媒體作爲一種品牌與使用者之間的媒介，不僅拉近品牌與消費者的距離，也讓消費者更容易取得自己需要的商品和服務。這種「面對面」的社交模式，足以 明品牌確實需要重構與消費者之間的互信關係。而這意味著，品牌可基於網路社交形態，找到與其相對應的銷售模式，進而影響消費者的購買決策。總之，不論品牌行銷的操作手法，還是消費者對該品牌的評估方式，全都因爲社交媒體，開始出現結構性的轉變。

社交媒體多樣化，讓消費場景更生動

打從進入網際網路時代以來，消費者使用的社交媒體類型正在不斷變化。不同客層甚至是單獨個體，都會根據自身社交需求、內容、消費喜好、網路購物習慣等因素，選擇自己偏好的社交媒體。

例如「微信」憑藉熟人聊天的「強關係」連結，成爲親朋好友的社交連接利器；「微博」作爲廣場式話題的發源地和發酵平台，成爲熱點話題的風向指標；「知乎」發揮其問答社區的優勢，成爲幫用戶解決疑惑的場所；「小紅書」作爲年輕人分享生活方式的社區，成爲大多消費者查詢產品好壞、進行購物決策不可或缺的環節；而「抖音」更激發了年輕人對美好生活的嚮往，成爲品牌新流量與商業化的平台。

不同社交媒體，帶給消費者不同的價值觀，加上消費者需求多變，所以人們才會願意透過各種社交媒體發佈或獲取內容。不同的社交媒體，意

味著不同的內容呈現方式，如短片視訊、直播或圖文形式，而這些對企業來說，都是可與各種消費者接觸的管道和行銷場景。

例如在主打圈層社交、中長視訊場景的「B 站」上，品牌可藉著「B 站」與 UP 主[6]，對年輕族群發揮影響力，巧妙地在內容中植入品牌資訊、塑造年輕化品牌形象時進行社交活動，透過更完整、更深入的內容行銷，快速拉近品牌與消費者的距離。

聚焦沉浸式閱讀場景的「番茄小說」、「咪咕閱讀」等平台，能夠滿足使用者碎片化時間的閱讀體驗。利用這些平台，品牌可在輕鬆愉悅的閒暇時段，將友好的行銷資訊植入環境中，潛移默化地影響消費者，加深用戶的記憶點，強化認同感。

在圖文資訊場景中，「微信」、「今日頭條」等平台，能夠持續輸出優質、年輕化的內容，加上推薦、搜索、訂閱、榜單等各種分發形式，對用戶高效傳播。藉著這些平台，品牌即可透過「圖文＋短影音」內容打通直播電商，獲得更豐富的行銷機會。

社交媒體的多樣化，讓消費者的複雜需求和喜好，能夠獲得更個性化的滿足，同時也為企業連接消費者提供各種管道，創造更多的行銷場景。

同溫層社交，幫助企業有效連結使用者

在需求成爲需求之前，更多時候是以「個人喜好」的形式存在的。現在的年輕人，普遍喜歡在社交媒體上分享自己的喜好，這就給「同溫層」聚在一起、組成社交圈提供大好機會。在同溫層裡，消費者通常更加信任這些與自己有著相同愛好、目標、特徵的人。在這種情況下，企業切入圈層社交，透過社交傳播形成口碑，與使用者建立互信關係，將更容易達到高效傳播、取得公信力，進而在企業與用戶間搭建信任屏障。

平台載體多元化，幫助品牌無縫接軌

現階段雖大多數社交媒體透過行動裝置（Mobile Device），爲使用者提供服務，但同時也在逐漸完善電腦和投影的服務。最經典的案例就是「微信」，從 2019 年開始，「微信」就在逐步完善電腦應用的功能，如今，「微信」電腦端已可支持運用 App、視訊、社群軟體，充分具備等同行動裝置的功能。

平台載體的多元化，讓品牌可以全方位連接使用者，有效延長用戶接觸品牌行銷內容的時間。例如許多 OTT[7] 產品透過融入用戶家庭、客廳等場景，將電視當成一種新型品牌廣告的種草[8] 載體。它們在爲用戶提供優質觀看體驗時，傳遞品牌資訊，同步強化電商能力，在投影端發送直播電商內容以及推出網路商城，延伸資訊和服務邊界，讓品牌在多屏聯動中，打開新的經營空間。

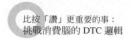
供給端的變化

昔日，品牌操作、觀察市場趨勢、設定決策，全部都是老闆一人說了算，不僅反應慢，還常會出現判斷失誤。即便判斷正確，也往往很難及時調整生產線。待商品量產後，企業還得大張旗鼓地鋪貨、搞宣傳。待這一系列的動作全部做完，消費熱點可能早已遠去……，這就是過去很多消費品牌總是抓不住市場脈動的主因之一。

現在，在「以消費者為中心」的邏輯影響下，企業可透過網路技術深入觀察消費者行為、觀念與需求並獲得反饋，持續且快速地反覆運算供應鏈。同時，企業還可透過更先進的技術，改進消費者體驗，從系統角度與消費者持續互動，獲取產品和服務反覆運算的有效建議，為消費者提供更好的購物體驗。而持續累積的消費體驗，最終將會上升到情感層面；情感聯結會轉變成為品牌忠誠度，昇華情感體驗則能促進口碑傳播，進一步推廣和提升品牌影響力，這也是數位化時代下，企業最重要的核心競爭力之一。

「星巴克」在 App 上設計一款鬧鐘功能和互動機制。每天待鬧鐘響起後，若用戶按下「起床」鍵，就可獲得一顆星的記錄。憑著這個記錄，若用戶可在一小時內趕到附近的門市，便能獲得一杯優惠價的咖啡。

當然，品牌也鼓勵用戶將自己起床成功並獲得優惠價咖啡的記錄發佈在社交媒體上與朋友分享。不僅如此，「星巴克」甚至推出專門收集用戶意見和建議的網路平台。僅僅五年時間就從官網站上收集 15 萬條意見和建

議，其中更有 277 條被採納。

而這些被採納的意見，便是提升用戶消費體驗的有效選項。

總之，沒有人比消費者更瞭解自己。

過去，企業缺乏必要的技術或手段去靠近消費者，聆聽他們的聲音。而社交媒體的快速發展，爲企業近距離接觸消費者並深入瞭解他們，提供條件。

總而言之，對新消費品牌來說，需求端的變化是機遇，媒體環境的變化則是利多優勢。而最後就是保障，這屬於供給端的變化，也唯有三者交互作用，才能促成新消費品牌快速崛起。

---

1. 此單位隸屬上海文化廣播影視集團（SMG），是 Yinfinity（應帆科技）旗下用以研究新消費產業與傳播服務的機構，目前的研究領域包括美妝、食品、服飾、親子、寵物、明星及網紅行銷等，目前旗下擁有國內領先的新消費資訊門戶—CBNData 消費站，幅員擴及數百萬行業用戶。
2. 意指來自中國三、四線城市、縣城和農村，出生於 20 世紀 80、90 年代，具備大學以上學歷，目前擁有一份穩定工作的青年族群。
3. 又稱 Z 世代，泛指在 1995 年～2009 年出生的一群。
4. 生活在都市裡的中產階級。
5. 在都市中從事勞力工作的人。
6. 網路流行用語，即上傳者，意指在視訊網站、論壇、ftp 網站上傳送視訊、影音檔的人。
7. Over The Top 的縮寫，源於籃球等體育運動，現指透過網際網路向用戶提供各種應用服務。
8. 網路流行用語，本意是播種草苗、種子，之後衍生成爲專爲他人推薦好貨，吸引他人購買的行為之意。

新零售時代下，
消費品企業的發展與變革

雖然很多新消費品牌乘著時代的東風快速成長，但更多的消費品企業面對機遇時除了感到喜悅，還有許多在發展與改革過程中，必須面對諸多問題的焦慮。具體來說，消費品企業面臨的問題可分為以下三種：

第一，因著行銷方式改變而來的問題，即從「貨—店—人」到「人—貨—場」，導致以往的行銷策略生變，就觀念而言就是不合時宜。

第二，因為競爭對手變化所引發的問題，即從「一致性商業模式的企業競爭」來到「不同商業模式的競爭」，此屬於策略層面的問題。

第三，企業內部亟須改革、轉型所引發的問題，即「在新商業模式競爭中取勝」的觀念問題。

行銷方式日新月異，如何適應新局？

品牌行銷方式的發展歷程，大致可分為以下三個階段，如（圖 1-2）所示。

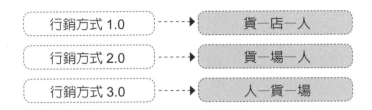

圖 1-2 品牌行銷模式的發展歷程

行銷方式 1.0	----→	貨—店—人
行銷方式 2.0	----→	貨—場—人
行銷方式 3.0	----→	人—貨—場

行銷方式 1.0

工業化時代，行銷方式以產品爲核心，多半是賣方主導市場，即爲「我有什麼，你買什麼」。這種「生產—銷售—購買」的模式可總結爲「貨—店—人」模式。

行銷方式 2.0

由於現代人使用手機及電腦日益普遍，企業不僅可在網路平台、實體通路門市佈局銷售時使用的消費者視窗，也可在網路上打造購物商城。同時，買方的主動權明顯提高，消費者的意見和體驗也開始影響其他人，導致企業投放的廣告效果不再明顯。所以，企業開始關注消費者，開始增加網路上的消費場景，進行情感行銷與體驗行銷。

在「行銷方式 2.0」時代下，第一階段的「店」發展升級爲兼具網路

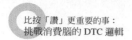

平台、實體通路門市功能的「銷售視窗」一場。從實體通路門市管道到電商，商品和消費者都聚集在同一個「場」中完成交易，使企業擁有更多連接消費者並實現成交的機會。這種模式可總結為「貨—場—人」，但它依舊存在一些問題，例如受價格驅動而壓縮利潤、整體交易的增速受到空間限制，以及無法有效管理客戶資料等。

行銷方式 3.0

以上兩個階段都是先以「貨」為核心，再圍繞著「場」進行佈局；「人」到「場」中去買「貨」，由企業提供相關服務。在「行銷方式 3.0」階段，由於社交媒體與行動裝置基礎建設成熟，讓它成為消費者生活中必備的消費場景，此時，各種零售業商品同質化的問題逐漸浮現，企業開始尋找商品價值的差異點，希望藉此提升競爭力。

在這種大環境下，為了進一步激發企業與消費者溝通需求。許多企業開始探求「人際網絡」等課題，即如何與消費者更積極的互動，透過合作、溝通、互動等方式，建立消費者與品牌的密切關係。同時，藉著消費者的真實痛點、需求、回饋等資料，客觀評估自己的目標客層，透過產品價值反覆運算帶來的第二曲線增長[1]，有效提升品牌競爭力。

在這個階段，「人」開始主導「貨」。相對於「行銷方式 2.0」階段，處在「行銷方式 3.0」階段的企業，針對網路平台這個場域，大家已不再

侷限於傳統電商平台，反而是社交電商、直播電商、垂直電商 3 等電商新物種，上述這些消費管道開始被廣泛應用。藉著這些全新的電商平台，企業既可利用多種內容行銷形式，化被動爲主動，更可直接連結消費者，實現有效溝通，吸引消費者到場消費。因此，很多企業不只擁有一個電商管道，更多的是打造一個完整的多元電商方程式，透過不同的消費場景來媒合各式商品，透過經營會員資料，成功拉長銷售期。

另一方面，企業將網路多元化電商方程式的消費者資料，搭配實體通路門市門店消費者資料，實現網路追蹤行銷資料，以此量化到店成本的目標。在資料數位化的基礎上，企業將更關注消費週期價值、長效投資利潤率等，與企業長期經營相關的指標。在行銷策略上，企業全心追求全域消費者的精細化經營，網路平台、實體通路門市銷量一體化增長。總體來說，新零售時代的企業的品牌行銷活動，是以消費者爲主的「人—貨—場」—以「人」爲中心，而「貨」和「場」都圍繞著「人」進行調整和佈局。通常這個階段更強調購物體驗，也更重視消費者的價值。

但是，很多消費品牌如今依然停留在網際網路經濟的「上半場」，習慣利用網路流量的紅利，將業務擴展到網路平台上。在這些企業的商業模式和底層邏輯中，並沒有「以消費者爲中心」的核心思想，遑論挖掘和利用客戶資料的習慣。

而這與現在行銷發展的趨勢，背道而馳。

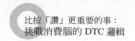
2022 年 7 月 28 日，「每日優鮮」的三十分鐘極速達業務宣佈關閉，其核心業務「前置倉模式」也同時喊停。作為一家從 2014 年成立就被資本市場看好，前後獲得 13 輪超過百億元融資的企業，「每日優鮮」的失敗引發很多討論。而「前置倉模式」居高不下的營運成本始終未能讓企業獲利，加上資金鏈的斷裂……，都是導致失敗的主因。

此外，另一個關鍵點就是忽視用戶的消費體驗。其實早期的「每日優鮮」能夠得到廣大用戶青睞，根本原因在於他們能為消費者提供完善且便捷的生鮮配送服務。當時標榜不僅能在三十分鐘內送貨到家，甚至還會在遲到時，送上一朵鮮花賠罪，表達歉意。

但隨著獲利壓力不斷加大，「每日優鮮」放棄關注用戶體驗。

2020 年，用戶體驗部門的負責人離職，企業管理者把主要的經營目標放在獲利上。為此下架很多平台上用戶需求量大但毛利率低的產品。例如蔬菜類商品原本在上架前，員工會針對產品進行「精修」，去除磕碰、損傷的部分。但後續為了控制成本，這個步驟也被省略了。長此以往，消費體驗越來越差，經營成本或許下降，但收益卻也未必因此提升。

作為一家為消費者提供服務的企業，後期的「每日優鮮」對於理解消費需求存在很多偏差，忽略除了送貨上門之外的（諸如性價比、產品品質等）其他用戶需求，這種理解上的偏差，導致它終被消費者拋棄。

隨著流量紅利觸底，吸客成本不斷提升，客戶資源快速流失、開始出現轉化困難的問題，消費品企業自然會焦慮。

新創品牌降維打擊，如何競爭取勝？

「所有的行業都值得用網路思維重新做一遍」，這句話很早就開始流行，直到現在依然有很多企業在實踐。很多許來新崛起的消費品品牌，都是在這種網路思維的指導下興起的後起之秀。

新消費品牌快速崛起的背後，其實是原來的網路用戶成為品牌創始人。他們具備的流量思維， 明企業實現產品、品牌、行銷、商業模式等面向的創新，滿足當下消費者日益細化和升級的需求，為品牌帶來傳統消費品企業尚未具備的核心競爭力。

消費品企業在網路思維的引導下崛起，最典型的案例莫過於「瑞幸咖啡」。實際上，其商業模式是結合傳統的咖啡店和網路經營思維。把交易場景拉到網路上，用戶透過網路平台取得商品，企業透過網路平台的行銷活動贏得客戶。

實體通路門市的即時配送和門店自取，成功打通了這兩個管道間的壁壘，更加迎合當下消費者的習慣。同時，「瑞幸咖啡」開展大規模補貼，實現網路平台的有效獲客，快速建立該品牌的市場認知。其實若從網路用

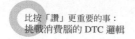
戶的角度去理解「瑞幸咖啡」的商業模式，你會發現其中有很多設計都是出自網路平台慣用的手法。但這對傳統消費品企業來說，卻是一個全新的行銷策略。

更重要的是，和「瑞幸咖啡」一樣，憑藉網路思維打造出來的新消費品牌還很多。在如今的市場上，打敗我們的往往不是在同一個賽道上的傳統競爭者，而是來自意想不到的新商業模式的降維打擊[2]。面對不斷加大的競爭壓力和難以取勝的現實，消費品企業自然也會感受到，規劃市場發展策略時所帶來的焦慮。

改革、轉型迫在眉睫，如何規劃戰術？

新消費品牌後來居上，搶佔傳統消費品企業的客戶與市場份額，這對傳統消費品企業來說無異是一個警示，提醒企業應儘快調整行銷模式，進行改革和轉型，迎合新的市場潮流。

雖然現在很多消費品企業意識到改革和轉型的關鍵時期已到來，但如何改革、轉型？該從哪個環節入手？又該朝向什麼方向前進？……這些關鍵問題都還沒有找到答案。當然，有一部分企業信奉「做中學」的道理，雖然沒有具體想法，但已在嘗試融合一些新的經營理念和管理方法，進行系統性調整和重塑。

　　一番嘗試下來，始終是錯多對少。沒有目的的盲目探索，無異是盲人摸象，難窺全貌。而企業內部根深蒂固的傳統消費品牌思維、原有組織慣性及傳統銷售管道限制等因素，也都在制約著企業的改革與轉型。雖然很多傳統消費品企業對向 DTC 轉型已有共識，但每個環節都有新問題，甚至有些傳統消費品企業尚未做好準備，企業的新行銷改革，還是要從頭做起……。

　　在時代變化的轉折期，大家都在不斷探索和實踐，這必定是個艱難的過程。而在這種複雜的局面下，改革、轉型戰略如何設計、展開，相信也將會引發消費品企業在創新戰略上的憂慮。

---

1. 「第二曲線」由英國管理大師查爾斯‧漢迪（Charles Handy）提出，他寫過一本同名書籍《第二曲線：跨越「S 型曲線」的二次增長》（*The Second Curve：Thoughts on Reinventing Society*）。書中描述，當主要優勢已至極限、走投無路時，我們理當開始思考其他方法，而非等到危機爆發時才採取行動。若能在曲線下彎前就開始思考對策，就有機會找到改變的可能性。

2. 指改變對方所處環境，迫使其無法適應，進而凸顯自身優勢的一種應對手段。最初用在商戰中，形容擁有高端技術者直接輾壓低端技術者，並對後者造成嚴重打擊，類似恃強凌弱、以大欺小和技術碾壓。

DTC 品牌——
解決問題的根本途徑

　　傳統消費品企業在經營觀念、競爭策略、轉型戰略上的焦慮，歸咎原因就是被新消費品牌搶佔用戶資源和市佔率，加上自身發展乏力，不知如何解決問題的矛盾心理。尤其是在 2020 年～ 2022 年這段時間，傳統消費品企業面臨原有市佔率下降、新消費品牌崛起所帶來的雙重挑戰，自然更迫切地想要找到破解之法。

　　在這樣複雜的商業環境中，企業應該如何解決問題？筆者認為還是要回歸經營的本質。在經營學裡，只有「人」是確定的，企業需要站在消費者立場去思考，讓「直接面對消費者」的觀念深植於心，圍繞著消費者制訂有效的解決方案才是正道，內容誠如（圖 1-3）所示。

圖 1-3 解決消費品企業的發展困境

聯繫消費者，提升經營效率。

以消費者為本，打造極致消費體驗。

以消費者為核心，擴張品牌經營版圖。

直接連繫消費者，提升經營效率

簡單來說，直接接觸消費者的行銷就是在資料技術的驅動下，企業透過網路平台與其建立社交直連通道，吸引消費者，使企業能夠自主獲取流量，並將流量轉化爲「留量」的粉絲沉澱，進一步轉化爲完全「私有化」的企業用戶資產。

在這種使用者經營模式下，企業既可有效吸引目標用戶，提升用戶的黏著度與忠誠度；另外還可持續連接用戶，有效收集消費回饋。並以此喚醒目標使用者，提升用戶的黏著度與忠誠度，直接連接消費者的用戶經營模式，讓企業快速、低成本、多方培養與消費者之間的信任關係，透過資料技術，實現直接一對一的關係管理和有效溝通。

「三頓半」作爲咖啡品牌中的獨角獸之一，在用戶經營方面自有其過人之處—透過用戶賦予產品社交屬性，塑造生活方式型品牌。畢竟品牌自身力量永遠有限，只有獲得消費者加持，才能激發無限可能。

在選擇管道上，「三頓半」不僅在傳統電商管道，例如「天貓」、「京東」等平台上佈局旗艦店，更在「微信」、「微博」、「小紅書」、「抖音」等積極接近消費者的社交媒體上，進行不同面向的佈局。在「微信」平台上的用戶經營策略，已滲透到微信生態的每一個角落，公眾號、小程式、企業微信、社群、視訊號等，共同形成了以品牌爲核心的用戶圈層生

態，並與實體通路門市管道合作，為消費者打造「線上實體通路門市融合」的立體化品牌體驗。例如之前推出咖啡空罐回收計畫，號召用戶在指定開放日，把使用過的咖啡空罐帶到實體通路門市指定回收點，以此兌換品牌周邊產品。這個計畫不僅為保護環境、節約資源出力，更保持了用戶的良好體驗感受，品牌以此成功喚醒用戶，提升對品牌的黏著度與忠誠度。

作為被選擇的一方，品牌無法改變他人偏好，但品牌可把自己做到最好，儘量讓眾人看到自己。就像企業不能替客戶決定哪些是最合適的資訊獲取管道，但企業可在所有能夠達到低成本、高效聯繫客戶的管道上廣泛佈局，並為客戶保留自主選擇權。

持續連繫用戶，高效收集回饋資訊

在用戶經營過程中，企業透過短距離連接消費者，形成「人際網路」。透過建立會員資料庫的方式，讓品牌免費、多次且精準地吸引消費者，在縮短消費者接受品牌資訊時，同時快速獲取消費者對品牌的全方位回饋，以精準的目光發現消費者痛點並迅速回應，有效預測企業在高效經營消費者關係時的轉化。

國內某彩妝品牌，在經營過程中會透過自身的流量渠道，招募大量的產品體驗官。品牌剛剛成立時，以「微博」為主要宣傳陣地，所以產品體驗官招募也在「微博」上進行。現在，該品牌的管道已遍佈「微信」、「微

博」、「天貓」等平台，現在的產品體驗官往往是透過全管道招募而來。招募產品體驗官不僅能產生大量且可信賴的產品使用內容，爲品牌打造好口碑，也可沉澱高質量的新用戶。同時，品牌還會汲取用戶回饋，推進產品快速反覆運算。例如某一款爆款眉筆產品，就是以用戶反饋的意見基礎上，反覆運算到 7.0 版本，待新品上市後，自然獲得廣泛好評。

若未能妥善經營用戶，那麼將很難實現這種高效且直接的消費回饋收集。如果沒有這些精準且有效的回饋，企業的商品和服務將很難滿足不斷變化的客戶需求。

以消費者爲本，打造極致體驗

從某種程度上，DTC 意味著企業要以消費者爲中心。企業獲取消費者的回饋，瞭解客戶的需求，其實是爲了以消費者需求爲準，進而設計或升級反覆運算產品和服務。企業甚至還會邀請消費者參與產品與服務的創作，只有這樣，企業才能爲消費者提供極致的消費體驗，才能在消費者心中樹立良好的產品或品牌形象，提高對品牌的黏著度。

作爲一家美國美妝公司，Glossier 被業內人士稱爲 DTC 品牌崛起的典範。創業之初，品牌創始人艾米麗・韋斯（Emily Weiss）就提出：「公司將以數字領域爲主，採用直接面向消費者的模式，強調與消費者的雙向溝通，甚至讓他們參與產品的設計。」爲了實現與消費者的直接溝通，艾米麗・

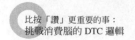
韋斯未選擇透過成熟的協力廠商平台銷售產品，而是選擇建立專屬的電商管道。

擁有自己的專屬管道，不僅擺脫中間商的分利，保證能充分掌握客戶資源，同時還有助於收集用戶意見。有了自己的電商管道，用戶意見收集變得容易許多。有了大量的使用者回饋資訊作為基礎，其產品設計自然更容易得到消費者青睞。

與此同時，艾米麗‧韋斯創立的「Into the Gloss」美妝博客也成了一個獨立的使用者資訊回饋收集管道，行銷團隊持續收集來自相關社交平台、電子郵件等很多管道的用戶評價，作為新產品設計的指導意見。甚至，艾米麗‧韋斯還會定期從忠實用戶群體中，選擇一批人加入產品的試用與研發，他們的意見會直接影響產品的設計。因為有了這種「用戶共創」形式的新品開發模式，陸續推出的新品才可獲得目標客層的廣泛認可。

當然，對企業來說，要想實現根據消費者需求，持續開發優質新品的目的，還需要一套積極的供應鏈系統加持，才能夠快速、有效地匹配企業開發新商品的需要，提供所需的各項服務。所謂積極的供應鏈系統，首先要具備匹配消費品企業產品反覆運算速度的能力，能夠根據企業的產品開發週期，快速更新相對應的產品和服務；其次則是需具備足夠的靈活性，可以根據企業銷售和生產的具體情況，靈活調整產品和服務的供應。

　　早期，「元氣森林」推出的商品主要是與代工廠合作—企業提供配方，代工廠負責加工。但後期為了滿足產品高速反覆運算的需要，「元氣森林」建廠來專責反覆運算產品配方和「存貨單位」（Stock Keeping Unit，SKU）。同時，更在供應鏈中引入更多類型的代工廠。這樣一來，待每種不同類型的產品配方研發成功，便可根據產品特性，選擇合適的代工廠進行加工。甚至在必要時，還可讓幾個代工廠同時加工，形成其自有的積極供應鏈體系。這樣不僅擁有快速量產新品的能力，還可根據實際銷售情況，即時調整產能，控制成本。

　　說到底，只有足夠積極的供應鏈系統，才能支撐量產，也只有夠積極的生產，才能讓企業根據用戶的實際需求和痛點，靈活且持續反覆運算產品和服務。

以消費者為核心，擴大營業項目

　　雖然現在大多數消費品企業已將商店架設到網路平台上，但消費者「失聯」狀況並未緩解。無論傳統的實體零售業、服務業還是網際網路企業，都在尋找一種成本更低、成效更佳的吸客方式。而在DTC思維中，以消費者為核心的增長經營，恰好可以解決這個問題。

　　以消費者為核心的增長經營，就是透過資料技術，將複雜、分散的資料彙整融合，有效連接並還原消費者碎片化行為軌跡，進而成功搭建品牌

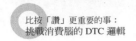

與消費者之間的直接關係。在這種親密關係的基礎上，企業可以透過與消費者直接溝通，引爆同溫層口碑，吸引更多新用戶；也可以利用老客戶的社交裂變，吸引更多新用戶。當然，吸引新用戶的目的，始終都是為了創造更多收益。在客戶與企業的親密關係基礎上，企業也可透過用戶的售後經營，激發持續的複購，在用戶資源不變的情況下，帶來更大收益。

與消費者直接溝通，引發同溫層口碑

社交媒體促進用戶表達對生活的新需求，成為企業觀察需求和操作行銷活動的最佳場所。換個角度來講，消費品企業可抓住消費者對情感互動的積極行為，以及他們對新生活場景的嚮往，開拓更多元的互動溝通方式，透過與消費者「交朋友」的方式，快速建立品牌形象，並在直接溝通的過程中，引發同溫層口碑，吸引更多消費者。

作為運動服飾品牌，「露露樂蒙」（Lululemon）的行銷方式不像傳統品牌，透過明星代言提升自身知名度，而是選擇與很多 KOL（Key Opinion Leader，網紅）建立合作關係，利用 KOL 的社交影響力，和消費者建立長效而穩定的互動關係。「露露樂蒙」把這些 KOL 統稱為「品牌大使」，其中 9 名瑜伽領域的知名大師被稱為「瑜伽大使」，35 名明星運動員被稱為「菁英大使」，其餘分佈在各地超過 1,500 名專業的瑜伽教師、健身教練被稱為「門店大使」（截至 2021 年 10 月的資料）。店家和這些「品牌大使」簽約後，會提供免費或折扣優惠的服裝，讓他們在進行瑜伽教學時穿搭。

這樣做，一方面是為了在目標客群面前展示服裝的穿著效果；另一方面也是為了讓「品牌大使」根據自己的體驗來提供建議。有了「品牌大使」教練的展示，很多學生會對相關產品產生好奇心。「品牌大使」的親身體驗，又能說服他們接受這種產品。同時，「露露樂蒙」也在自己的門市中張貼這些「品牌大使」穿著贊助服裝的海報，藉著 KOL 的社交圈子，吸引更多消費者加入社群。

消費者總是更願意相信和自己擁有共同喜好的其他消費者。企業可透過與消費者的直接溝通，順勢變成他們的朋友，進而獲取信任，提升品牌在某個圈層內的好口碑與信任感。

裂變式老帶新，用戶量快速增長

企業能夠擁有一批忠實粉絲，不僅可透過穩定複購帶來收益，更重要的是提升企業口碑，以及在忠實客戶社交裂變[1]之後，為企業帶來大量的優質新客戶。

作為以網路思維在經營汽車品牌的典型代表，「蔚來」從品牌成立之初就樹立注重用戶經營的形象。2018 年，「蔚來」在第三季度財報電話會議上提到，一位來自溫州的用戶，幫品牌介紹了超過 10 位預付訂金的用戶。2019 年 8 月，在「蔚來」App 中，ID 為「以學為生」的青島車主，甚至使用自己的 LED 螢幕資源替品牌免費作宣傳。甚至在 2019 年第三季度財報電

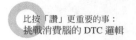

話會議上，「蔚來」便明確表示，45% 的新用戶是由老用戶推薦而來的。

在培養「願意幫助品牌實現老帶新」的忠實用戶過程中，「蔚來」主要採取兩個措施。第一，保障車主用車時的「售後體驗及服務」，主打「安心、愉悅、無憂的駕車保障」以及「多場景新能源充電保障」的兩大項售後權益，讓品牌服務延伸至生活中，為車主滿足鮮食生活中的各項需求，自然獲得他們對產品與品牌的信任與依賴。

第二，從使用者角度出發，打造品牌用戶專屬社區，透過服務與數位體驗的加持，構建強情感體驗的生活方式品牌，活用完備的會員激勵機制，實現深化車主忠誠度的客戶關係管理。出於對產品、對品牌、對品牌車主群體的信任，再加上利益直接激勵，老用戶推薦新用戶的積極性，自然被有效激化。

「社交裂變」是企業獲得優質新客戶的最優管道，透過老客戶推薦而來的新客戶，往往都會對企業的產品或服務，擁有一定程度的需求。

經營用戶售後服務，強化常態性複購

對消費品企業來說，吸引消費者並成功銷售，這並非行銷的結束。企業要將客戶留下來，使其成為品牌的忠實客戶，也就是變成粉絲。之所以這樣做，原因很簡單，就像筆者之前提到的，眼下獲取流量越來越困難，

成本也越來越高，如果企業重複做「一錘子買賣」，對於每個客戶只追求成交一次，那麼只能透過不斷成交新客戶，方可保證業績不衰退。相對於不斷拉攏新客戶，其實只有留住忠實客戶，實現穩定複購，才是消費品企業當下所應追求的。

企業的行銷活動其實是個不斷循環的過程，從成交到留存，然後透過持續連接，實現複購，再次連接，再次促進複購……，畢竟客戶對於品牌忠誠度不會是永久的，但企業要在客戶有限的使用週期內，最大限度地為客戶創造價值，實現業績增長和利潤最大化。

總而言之，在這個不斷變化的商業時代，DTC 能夠為企業帶來更多利潤、更忠實的用戶以及更好的口碑。確定這一點，消費品企業的行銷方式又該如何演變？如何在與新消費品牌的競爭中，佔據優勢？未來的轉型又該走向何方？這三個問題的答案看似已在眼前。當然，瞭解到 DTC 的重要性只是一個基礎，更重要的是如何掌握「直接面對消費者」的方法，也就是我在接下來的篇章內容中，將要為大家重點解釋的 DTC。

---

1. 原本出自原子彈的爆炸原理，當某個外力打到原子，待爆炸後便會開始演變下去，刺激其他原子不斷分裂產生能量，故稱為裂變。用在商業活動上，就是指透過客戶在特定社交圈裡的影響力，快速擴散產品及服務，產生影響力。

Chapter 2

以「消費者」為主的
DTC 邏輯與實務

只有釐清問題的癥結點，找到合適的方法，做事才能成功。

DTC 的本質是秉持「以消費者為中心」的思維，藉著直接面對消費者的全方位經營，為消費大眾提供極致體驗，創造最大的業績。而打造「直接面對消費者」的經營是手段，提供極致體驗才是最終目的。奉勸企業主千萬別要把手段當目的，用錯誤的標準來評判目前的經營策略，否則只會本末倒置、誤入歧途……。

DTC 的演進過程

簡單來說，DTC 就是「直接面對消費者」的品牌操作技巧，也有人將它具體形容為「從消費者中來，到消費者中去」的經營模式。

那麼，DTC 到底是如何演變而來的？

海外 DTC 誕生：用戶痛點清單，DTC 品牌大革新

在 DTC 出現前，零售業尚且停留在由龍頭品牌佔據主導地位的狀態。

龍頭品牌擁有出色的策略和流程設計，掌握資本、工廠及大量勞動力資源，自然能夠設計和製造高水準的產品，在市場競爭中佔盡優勢。

龍頭品牌既是該行業的規則制訂者，也是享受品牌紅利的既得利益者，在這樣的市場環境下，後起之秀哪有出頭機會？新創品牌是否只能活在龍頭品牌的陰影下？

其實不然，在觀察過許多新創品牌逆襲龍頭品牌的案例後，我們發

現，龍頭品牌其實也有缺點與劣勢，比如追求生產標準化和規模化的結果，就是容易忽略消費者的諸多痛點，這樣非但無法滿足消費者需求，還會造成不便。

產業龍頭採取標準化量產模式來服務大多數消費者，這也是新創品牌精準鎖定目標客層的絕佳機遇。很多第一代 DTC 品牌就是從鎖定目標消費者的痛點出發，憑藉著更貼近用戶生活、更符合用戶個性化需求的產品，從各個龍頭品牌手中成功搶下部分市佔率。

男士刮鬍刀品牌 Dollar Shave Club、染髮劑品牌「虛擬髮型屋」以及行李箱生活家品牌 Away，都是從傳統品牌無力滿足用戶痛點出發，成功立足於市場的 DTC 品牌。男士刮鬍刀品牌 Dollar Shave Club 所處的品項中，主力是吉列刮鬍刀，後者雖佔有極大市佔率，但用戶對它還是有很多不滿，比如價格昂貴、購買不便等。所以，Dollar Shave Club 一方面採用低價策略，另一方面則提供寄送服務，標榜每個月只需花 1 美元，就有專人送貨上門。Dollar Shave Club 就是憑著這種策略迅速崛起，甚至改變產業龍頭吉列（Gillette）所制訂的行業規則，從吉列手中成功搶到大筆訂單。

同樣，染髮劑品牌「虛擬髮型屋」在創立之初，也是發現消費者對傳統染髮服務的關鍵痛點，一方面是價格高昂，另一方面是必須到店才能享受服務，實在很不方便。所以，「虛擬髮型屋」透過物美價廉的產品和宅配到家的服務，為自己掙得一席之地。

行李箱生活家品牌 Away，在創立之初的用戶痛點清單上寫著，體積大小不合理、笨重難移動、外殼容易損壞、行李箱內置夾層不合適等問題。待發現這些用戶關注的痛點後，即針對性地研發採用鋁制外殼、可壓縮結構的箱包產品，產品不僅更加堅固，而且可調整大小，充分適應用戶的各種需求。憑藉這種更符合使用者個性化需求的客製化產品，成功打開市場。

須知，一個使用者痛點，就是一個商業機會。

第一代 DTC 品牌發現消費者生活中尚未被發現的痛點，帶著解決方案迅速切入市場，在不給消費者製造額外負擔的情況下，提供比產業龍頭更顯尊貴的客製化商品、更符合人性化的服務，自然能從龍頭品牌手中成功搶到市佔率。

此外，我們不能忘記也有外部利好因素推動第一代 DTC 品牌的崛起，尤其是網路經濟的發展，讓第一代 DTC 品牌具備低成本行銷，與消費者快速建立聯繫，並可提供優質配套服務的能力。這些都是第一代 DTC 品牌能在與龍頭企業激烈競爭下，成功打開市場的重要因素。

曾經當過老闆的人多半都知道，打開市場並非意味著可以搶下一定的市佔率。第一代 DTC 品牌同樣面臨這些問題，雖然初創階段可憑藉客製化產品和網路行銷，短期內贏得市場認同，但想延續這種優勢，勢必要更加瞭解消費者，想辦法滿足消費者不斷變化的個性化需求。

目前，市場上已出現很多迎合消費者對於內衣尺碼精細化需求的調整型胸罩品牌，其中很多能夠在早期得到用戶的青睞，但又很快地便被其他同類型的品牌替代。「三愛文胸」為了避免這種問題，在推出調整型胸罩時，順便設計了一款量體 App。消費者可上傳自己的身型資料去做線上試穿，待試穿合適後再下單購買。這種模式一經推出就受到廣泛好評，也得到了很多免費的宣傳機會，但可惜的是後續並未為品牌帶來業績挹注。

為此，店家進一步梳理消費者需求，發現大家在購買胸罩類產品時，依然更加信賴實際的試穿體驗。於是，店家決定放手一搏，推出讓顧客「免費試穿 30 天」的行銷活動，待顧客使用滿意後再付款。

為了提升行銷的有效性，「三愛文胸」選擇以社交網站作為主要宣傳陣地。利用網站的精準行銷推廣功能，和目標客群建立聯繫。試想，站在消費者的角度，當你在瀏覽社交媒體時，突然發現一個「免費試穿 30 天」的廣告，而試穿的產品恰好是自己需要的，自然會想要試試看。這種新的行銷模式甫經推出，產品銷量便直線上漲，更重要的是試穿後，選擇買單的用戶比例更高達 70% ～ 75%。

憑藉這種「先試穿，後買單」的行銷設計，確實取得很多同類型品牌沒有做到的優秀業績。截至 2019 年，「三愛文胸」市值已達 7.5 億美元，成為該品項中的經營佼佼者。

透過上述講解，相信大家已經發現，海外 DTC 品牌會選擇社交媒體

作為宣傳主要管道，一方面是本身資金不足，另一方面是為了借助社交媒體與消費者直接接觸。與此同時，品牌也把官網視為直接向消費者銷售、管理客戶資料的主戰場。

伴隨著網路技術的發展，海外 DTC 品牌已擁有更強大的資料分析能力，可以更清晰且準確地觀察消費者痛點，了解消費者喜好；然後透過具備針對性的產品設計，採用最低成本來實現更佳品質的行銷與銷售效果。由於海外 DTC 品牌都是基於網路生態之下而來的企業，所以我們姑且將其稱之為「網路原生品牌」。

DTC 本土化：未來型態將更多元

在分析了多起案例後，我們發現，海外 DTC 品牌在透過社交媒體佈局行銷方程式的同時，會將品牌官網連結於行銷內容中，讓消費者能從行銷頁面直接跳轉到品牌自建官網，完成消費。

這種經營模式實際上是基於海外消費者的習慣—透過網路搜尋系統直接搜索品牌名稱和關鍵字，然後進入品牌官網下單購買。相對而言，國內的消費者雖然也會從不同的社交媒體上接收行銷資訊，但最終的成交並非跳轉到品牌官網上，更多情況其實是發生在電商平台上。

為了迎合消費者的交易習慣，許多 DTC 品牌會將多個社交平台帳號與電商平台帳號當作品牌自有管道，待相互連接形成「品牌信號網絡」後，

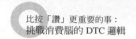

便可全面覆蓋不同交易習慣的消費者，與他們直接聯繫。

　　和傳統的即溶咖啡產品相比，「三頓半」主打「精品即溶咖啡」，標榜不僅和多數商品一樣方便，口味更出色且多樣。同時，店家標榜其商品甚至能與冰水、牛奶等飲品混調後做成拿鐵或奶蓋等飲品，為咖啡愛好者創造更多新口味、新玩法。

　　除了個性化的產品，「三頓半」也未像傳統品牌一樣大肆進行廣告宣傳，而是深入社交平台，透過產品測試的形式連接消費者，根據使用者的回饋，找到產品反覆運算和使用者經營的思路。透過一系列的經營，在「小紅書」、「抖音」、「B 站」等社交媒體上，與消費者共創很多花式咖啡喝法。透過充分利用原始客戶的「表達慾望」和「創作靈感」，從中獲得新用戶的關注，成功累積人氣。

　　累積足夠的人氣和好口碑，「三頓半」及時佈局電商平台，為銷量的快速增長搭建交易場所。

　　2020 年「618」期間，「三頓半」在「天貓」的銷售額，成功超越「雀巢咖啡」、「星巴克」等傳統龍頭品牌，順利拿下了沖調大類銷量第一的業績。

　　除了社交媒體與電商平台聯動的模式以外，為了帶給消費者更精緻的產品與服務體驗，中國的 DTC 品牌針對不同平台屬性，設計不同場景，

希望成功結合「品」、「效」和「銷」三個品項,打造消費者「被種草」後直接「下單」的捷徑,這就是「品效銷」快速轉化的發展模式。

比如根植於中華傳統文化的「東方彩妝」品牌—「花西子」,建立以「微博」、「小紅書」、「抖音」、「B 站」爲代表的內容行銷主戰場,成功透過客製化內容連接多元圈層使用者。同時,在以「抖音」爲主的短片直播電商平台上,透過以「明星陣容＋頭部 KOL[1]」爲主的線上種草方程式,實現快速轉化「營＋銷」的捷徑,成功開拓電商平台以外的成交場景。

2020 年,「花西子」營業額正式突破 30 億元,比 2019 年的 11.3 億元增長 165.5%,而架設在各社交媒體上的「品效銷」快速轉化捷徑,自是功不可沒。

當然,國內的 DTC 品牌能夠在社交媒體上建立成交場景,是因爲國內的很多社交媒體本身就具備一定的電商屬性。比如微信端的小程式功能,可讓使用者不需來到門市,也不需下載 App,直接打開「微信」即可選購下單;「小紅書」、「抖音」、「快手」等平台也開闢「品效銷」快速轉化的捷徑。

DTC 代表的是一種直接面對消費者的品牌經營模式,在實際的經營中,不同的 DTC 品牌往往會有其獨特衍生而來的接觸方式。從整體的趨勢看,DTC 的本土化還是一個「現在進行式」狀態,隨著市場環境的變化,DTC 未來朝向本土化發展,勢必還有一大段路要走。

「手段」不同，觀念卻雷同……

「消費者思維」其實就是第一代 DTC 品牌的起點。我們所說的 DTC 行銷手段，都是從這裡延伸而來的。不同類型的消費者，在其顯性及隱性需求、習慣上存在著極大差異，企業必須持續觀察消費者，從目標客層的實際需要出發，方可打造出具備差異性的產品及服務。

在實現 DTC 的路上，每個企業都有自己專屬的具體方案。但無論怎樣，企業追求的核心目標都一樣，那就是「以消費者為中心」。當然，想在企業內部建立「消費者思維」，並非易事。

第一，就文化層面而言，品牌需建立真正以用戶為主的企業文化，而不只是喊口號、寫標語。在以品牌為主體的活動，尤其是對外的活動中，更要時刻關注消費者體驗。

第二，在組織層面上，品牌需設置專門的客戶經營部門，真正關注用戶的實際需要，提供專業分析和精準的客製化服務。

第三，在服務層面上，品牌必須建立完善的消費者回饋機制。不僅為消費者提供銷售前、中、後段的相應服務，還要大量聽取消費者心聲，從用戶回饋的資訊中找到產品和服務升級的邏輯。

第四，在員工教育方面，品牌要讓員工深刻意識到，自己在客戶的消

費旅程中，究竟擔任何種角色？能提供什麼價值或服務？

第五，在考核激勵上，確保員工能真正將用戶的滿意度視為工作核心，確立考核指標時，也應與消費者直接相關，比如用戶滿意度評價（非協力廠商商業合作）、超級使用者佔比等。

每個品牌都有自己的生命週期，企業能做的就是儘量延長這個週期，創造更多價值，獲取更多收益。要維持品牌活躍度，階段性轉型自然成為必要的選擇。從當下來看，朝向 DTC 轉型已是眾多品牌的共識。

總括來說，無論從 0 到 1 的新創品牌，還是從 1 到 10 的快速發展品牌，又或是已發展到 10，目前尚在尋求突破或轉型的老品牌，大家其實都可以藉著 DTC 來實現目標。

---

1. 係指海外平台粉絲量在 50 萬～ 100 萬人次，甚至逾 100 萬人次的網紅。

DTC 的品牌特徵

作為一種品牌商業模式，DTC 不僅是一種方法，更是品牌操作時的重塑和升級。要想掌握 DTC，我們首先要深入瞭解 DTC 品牌的關鍵特徵，內容則如（圖 2-1）所示。

與消費者直接溝通，完善銷售管道

DTC 強調「消費者是品牌自己的資產」。品牌必須掌握能夠直接接觸消費者的管道，這樣既可直接與消費者溝通，也能轉化銷售。

圖 2-1 DTC 品牌的關鍵特徵

與消費者直接溝通，改善銷售管道。

專注某一特定品類，從紅海市場找尋藍海機會。

站在消費者立場，提供極致體驗。

借助社交媒體，進行推廣。

全方位整合資料，透過數位化賦能來精準決策。

在 DTC 模式下，透過直接面對消費者的管道，年輕的 DTC 品牌可在網路上佈局連接點，落實溝通與銷售。同時，針對網路平台管道所帶來的使用者資料，進行沉澱與管理，品牌將可更有效、精準地分析用戶的真實需求。

然後，根據分析結果，品牌可快速反覆運算或研發符合用戶需求的產品和服務，真正實現「品牌與消費者面對面」。但是「直接面對消費者」的管道不只在網路平台上，畢竟年齡層、喜好品項、忠誠度各異的消費者，通常在消費習慣上差異更大。

比如年輕人喜歡在網路上購物，中、老年消費者則更傾向於前往實體通路門市體驗後再購買。品牌行銷在考慮消費者的多樣需求後，DTC 品牌必須實現「結合網路平台與實體店面」的目標，以此幫助企業達到全方位連接消費者的目的。

換句話說，想成為 DTC 品牌，主攻網路的新型消費品企業必須擴增、經營實體通路管道；傳統消費品企業則需搭建線上「品效銷」管道。而且，新的管道不只是加入，而是要融入原有體系，打通網路、實體通路之間的壁壘，實現場景順暢、資源共通、資料共享的境界，讓消費者能夠更積極、連接更精準、經營更智能。

在現實中，很多 DTC 品牌都是從傳統消費品企業轉型而來的，「良品

鋪子」就是其中之一。發展初期採用擴充直營門市的手法，以建立實體通路的方式來覆蓋整個銷售體系。而隨著電商模式的興起，消費者的消費習慣產生變化，開始不斷向網路平台轉移。也是在這個階段，「良品鋪子」終於意識到實體通路門市的侷限性，故而開始改革。

改革之路共分兩個階段：第一階段的主要任務是完善實體通路管道，積極開展電商業務，建立完善的網路平台經營系統；第二階段則是結合數位化賦能網路與體通路管道，打造基於「平台電商＋社交電商＋自營 App 管道」三位一體的全方位運營網路，多方面連接消費者，提升消費體驗。

透過一系列的變革後，店家佈局熱門的社交網站（如「微博」、「小紅書」等）、短片（如「抖音」、「快手」等）平台，並圍繞 KOL 建立優質品牌口碑，成功構建多樣化的消費場景。同時更積極探索直播（淘寶直播、抖音直播等）銷售視窗，藉此提高產品銷量與品牌知名度。

此外，店家也為實體通路設計「網路下單快速送達」、「網路下單＋門市取貨」等各種交易模式，完成終端門市線上化，催升門市業績，增強用戶黏著度的目標。

從目前的行業趨勢來看，網路平台雖佔據主導地位，但尚未發展到可以完全取代實體通路門市的階段。為了直接面對不同類型的消費者，有效融合虛擬與實體管道，才是消費品企業現階段的必修課題之一。

專注特定品類，從紅海市場找尋藍海機會

在產品設計方面，DTC 品牌通常會避開競爭激烈的大品項，改從特定的品項、人群、場景中找機會。專注於某一特定品類，讓企業集中精力和資源，設計可在最大限度內配合消費者需求的優質產品和服務，快速衝出市佔率。這一點在品牌草創初期急需快速打開市場之際，尤顯重要。

此外，企業專注於某一特定品項，可有效縮減消費者在多種產品中對比和選擇的時間，幫助消費者簡化決策過程。隨著生產力提升，很多行業開始出現供過於求的現象。在這種情況下，龍頭品牌可憑藉自身的絕對優勢，成為行業內的遊戲規則制訂者。反觀其他企業便只能按照龍頭品牌制訂的規範，參與競爭本就十分有限的市場份額。想要超越龍頭企業，幾乎是不可能的任務。比如飲品行業發展多年，曾經出現過那麼多後起之秀，但卻始終沒有一個品牌可以取代可口可樂和百事可樂，成為新一代的產業領頭羊。

雖然很難在大品項中脫穎而出，但很多成功的新消費品牌卻選擇更靈活地另闢蹊徑，就是改為參與更加細分的品項、人群、場景中找機會。

中國人熱愛飲茶，茶飲市場因此需求量大，但這個行業內部競爭激烈，大量的新興品牌向茶飲行業進軍，真正能夠存活下來的只是少數，「茶里」（CHALI）就是其中之一。

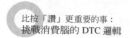

　　創立於 2013 年的「茶里」選擇一個足夠細分的品項。不同於其他傳統茶葉或新式茶飲，主打「精緻茶」的分眾市場，其核心商品是高端原葉袋泡茶。針對那些對茶飲有需求，但又不習慣或不懂得使用傳統方式泡茶的年輕上班族來說，這種設計既滿足消費者求方便、易喝的潛在需求，更在產品口味設計上，盡可能地向年輕消費者的靠攏，比如推出棒棒奶茶、凍乾水果茶、茶凍等新品。

　　近兩年，「茶里」已完成全方位的平台佈局。目前在各網路電商均有售，「天貓」、「京東」上的銷量更是穩步增長，社區團購則是切中消費者的購買習慣，銷售業績增長明顯。2015 ～ 2020 年，蟬聯「天貓・11」花草茶類目銷量冠軍；截至 2021 年年底共計擁有 100 多萬名的年輕粉絲，八年下來累計售出 8 億多個茶包。

　　網路平台加上實體通路銷售，「茶里」總計打通了上千家星級酒店、企業茶水間、連鎖餐飲等管道，將連鎖新零售場景及直營體驗店打造為品牌的主要銷售網路。

　　「只要範圍夠小，每個企業都有機會變成龍頭」這句話肯定有其道理。消費者需求永遠在變化，龍頭品牌就算再強大也總有力所不及之處，而這些無法被最大限度地滿足的分眾需求和消費場景，其實就是新消費品牌最好的切入點。

站在消費者立場，提供極致體驗

DTC 品牌會藉著觀察消費者需求，深入瞭解消費者的需求是甚麼？再參考消費者需求，透過設計或升級反覆運算，得出更優化的產品和服務，為消費者提供更極致的消費體驗。而在這個實踐過程中，我們共可透過以下三個步驟，逐一實現。

第一步，深入用戶經營與共創，有系統地收集消費者對產品的想法，並以其作為產品研發的基礎，將消費者納入回饋與反覆運算的模式中。

前文提及的「三愛文胸」為了讓消費者買到中意的商品，在進行了大量市調後，成功推出「調整型」內衣，讓更多女性消費者能買到更適合自己、穿著起來更感舒適的產品。國內也有一家類似的品牌，在產品設計前，先透過市場研究發現消費者尚未被滿足的需求，進而採取有效的研發，以此獲得消費者認可與好評。

第二步，敏捷反應，由「大批量、低頻率」朝向「小批量、高頻率」模式轉型，藉以應對即時或爆發性的消費需求。

已走向海外市場的服飾品牌 SHEIN，將生產週期縮短到一周，並大幅降低啟動生產線的最低標準。即使訂單量只有 100 件，供應商也願意加工趕製。在這種情況下，SHEIN 透過資料分析明確消費者需求後，便可快速打版、

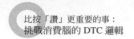
製作，然後將產品投放到網路平台上，快速測試市場反應。這種「小單快返」的模式，大幅提升品牌回應消費者需求的速度，同時降低庫存成本。

第三步，便利配送和服務，降低消費者購買時的心理門檻，擴展品牌的售後服務。

創立於 2014 年的紐約床墊電商品牌 Casper，為了破除消費者顧慮，設計推出提供一百天無風險的免費試用服務。顧客在門市下單後，在一百天內如果使用產品後覺得不滿意，隨時可提出更換或退貨要求。而且 Casper 還會指派專門的快遞員上門收回床墊，無須客戶郵寄。

當下年輕的消費者既理性又感性，他們既可理性分析產品優劣，做出最符合自身需求的選擇，也能從感性訴求出發，不只滿足物質上的匹配，更是追求情感上的共鳴。企業在提供極致的消費體驗時，同樣也要考慮消費者理性和感性上的訴求，以求更全面地滿足市場所需。

借助社交媒體，進行推廣

為了讓消費者能隨時隨地透過最方便的方式獲取商品資訊、理解服務項目，DTC 品牌普遍選擇透過社交媒體來做為行銷推廣的主要管道。我們在先前的內容中也提到，出於自身的社交需求，消費者逐漸提高自己使用社交媒體的頻率。因此，品牌只有在社交媒體上發聲，才能更有效地接觸到消費者。

在羅蘭・貝格諮詢公司[1]發佈的〈2022年車企數位化營銷報告〉中有這樣一組資料，從 2017 年家用汽車銷量攀至巔峰後，到了 2020 年，已連續三年呈現下降趨勢，如（圖2-2）所示。加上新能源加速轉型，造車新勢力的加入，整個汽車行業競爭更顯劇烈。面對這種市況，汽車品牌的銷售模式、管道和行銷手段均亟待變革。

圖 2-2 新款家用車，年度銷量變化趨勢

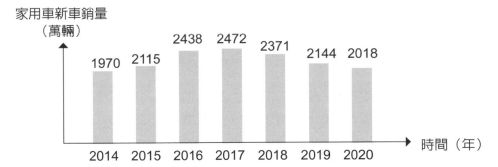

資料來源：MarkLines 資料庫，羅蘭・貝格

從現階段來看，很多汽車企業的銷售理念已從「標榜產品、銷售平台爲主力」的模式，開始向「以消費者爲中心」的觀念靠攏。比如「五菱汽車」就已意識到，DTC 的「網路銷售＋實體門市體驗」模式將更有助於洞察消費者需求，透過結合「新零售商」，有效提升消費者體驗，培養消費者的品牌忠誠度，拉長銷售期。但作爲一家傳統企業，「五菱汽車」之前在網路銷售管道的應用並無太多相關經驗，因此找上「知家」幫助它⋯⋯。

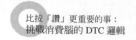
　　2021 年，透過「知家」和五菱的共同探索，最終確定未來發展的方向：減少傳統媒體、垂直媒體的推廣預算，增加社交平台的投入。同時，「知家」制訂具體「短片戰略」、「小紅書戰略」以及「一呼百應」的經銷商傳播與電商賦能戰略。這些戰略大幅提升五菱新產品在社交媒體覆蓋人群中的知名度。最終效果也是顯而易見—新媒體端線索貢獻佔比逾 30%。

　　除了迎合現在消費者獲取資訊的習慣，DTC 品牌依賴社交媒體推廣行銷策略，也與傳統行銷模式失靈有關。

　　過去，總有不少企業採用某些行銷宣傳的老法子：例如創建一個假人設，讓消費者感到「不明覺厲」[2]；搞一些貼近熱點的噱頭，引發關注；述說一個感人的故事，用 10 萬＋的閱讀量誘導消費者；甚至直接花錢買流量，增加品牌熱度等……，但這些方法只能讓品牌被更多人知道，卻不一定能夠拉近品牌與消費者之間的距離，刺激銷售。因為現在的年輕消費群看似衝動，其實骨子裡非常理性，這些虛無飄渺的行銷內容根本無法打動他們。對於這樣的行銷活動，年輕消費者即便看到、注意到，往往也只會選擇忽略。

　　透過社交媒體推廣行銷，品牌更像是與消費者「交朋友」，處在這種關係下，消費者反而更容易被說服。

透過數位化賦能，讓決策更精準

所有的揣測與推斷，都不如實打實的資料來得可信。過去，受限於科技技術，企業要獲得完整的用戶資料，難上加難。現在，資料搜尋技術和數位化工具已趨廣泛應用，這也讓 DTC 品牌能夠快速而精準地觀察年輕消費客層的需求變化，及時回應。這也是 DTC 品牌能夠快速回應消費者需求變化的主因。

「元氣森林」前研發總監葉素萍曾說：「我們的品牌研發走的是快速試錯的路子。分別讓標籤相似的目標客群飲用同款卻不同版本的飲料，收集各群組的用戶體驗資料及回饋，最後分析、評估出最好的版本，正式採用。」

在實際的經營中，店家在不同場景中充分運用這種資料測試的方法。在初步確定產品研發方向後，以資訊流廣告[3]的形式，將新品賣點投放在「今日頭條」等網路平台上，再透過比對不同產品賣點關鍵字的點擊率，判斷消費者對新品具備的哪些特性更感興趣。

待新品上市後，同樣也會在電商平台、超商等各種銷售管道上進行測試。電商平台的測試比較簡單，根據實際銷量便可評判產品優劣。倒是實體門市通路就比較麻煩，但店家同樣可以透過抬頭率等資料，清楚判斷新品是否受到消費者歡迎。

除了這些階段性的測試，店家還會在「微信」平台上招聘「體驗官」，從忠實客戶的口中獲取產品的真實測評資料，累積至今已儲備上百個 SKU（Stock Keeping Unit）[4]，待持續測試和對比，一經驗證便可及時量產、推廣。

有了消費資料作為參考，很多原本並不明確的趨勢也會變得明朗。更重要的是，時代在變化，消費者需求也是，機遇往往稍縱即逝。懂得利用大數據收集技術來輔助決策，不僅能夠提升決策精準度，還可避免過多無用的思考和猶豫，提升決策效率。

以上就是 DTC 品牌的五個關鍵特徵，也是主要優勢。透過分析這些優勢，我們不難看出，許多企業現階段的發展困境都可透過 DTC 來解決。至於如何在企業內部徹底實踐，我將在後面章節中陸續說明。

---

1. 羅蘭‧貝格國際管理諮詢公司（Roland Berger，2001 年至 2015 年稱為羅蘭貝格戰略諮詢，Roland Berger Strategy Consultants），1967 年成立於德國，現在是歐洲最大的戰略管理諮詢公司，擁有完善的全球知識庫。
2. 即「雖不明，但覺厲」，這是時下流行的網路用語，意為「雖然不明白（對方）在說什麼、做什麼，但是感覺很厲害的樣子」。
3. 這是一種透過網路而來的一種新型廣告形式，與昔日的廣告形式相比，這多半是穿插在原有的內容資訊中。也就是說，看起來像一條資訊，然而實際上卻是廣告。
4. 又稱存貨單位，屬於會計學專用名詞，定義是為庫存管理中的最小可用單元，例如紡織品中一個 SKU，通常表示規格、顏色、款式，而在連鎖零售門市裡，有時也會稱單品為一個 SKU。

理性面對 DTC

與傳統經營模式相比，DTC 雖具備諸多優勢，可幫助企業解決現實問題，但它畢竟不是「仙丹」，無法根治所有企業早就存在的「痼疾」。更何況現在很多人對 DTC 的認知並不正確，所以在學習如何實踐之前，我們首先要糾正錯誤觀念，幫助大家改從新的角度去認識 DTC。

未落實「直接面對消費者」，網紅品牌嚐敗績

以 DTC 為代表的新消費浪潮，已然成為資本市場的熱點，坊間不斷有新品牌一夕爆紅。創業者前仆後繼、資本在後方大力推動，形勢看似一片大好，然而一旦潮水退去，裸泳者往往也只能尷尬收場……。

說起網紅商品的迅速走紅，這絕對離不開品牌精準迎合消費者痛點這件事。踩中 GenZ（Z 世代）消費者的痛點，產品與品牌的第一波流量來得輕而易舉。但可惜的是，這樣的網紅商品在一路爬升的過程中，其最終也只有「翻落滾下山」一途……。徒然消耗消費大眾的信任，有時甚至還會引發消費者的反感與抵觸。

市場上有不少企業主認為，「直接面對消費者」就是所謂的「網紅品牌速成範本」。孰不知，世上沒有一家企業能夠單靠一個速成的商業範本支撐全局，遑論尚須具備企業社會責任，以及可持續發展的新消費創新體系。打造 DTC 品牌，不只是創造一個網紅品牌那麼簡單，這是一個包含企業經營的完整體系。

DTC 的核心是「尊重用戶，以消費者為中心」。但在現實生活中，很多消費品企業只是把「以消費者為中心」、「為消費者創造價值」等口號掛在公司的布告欄或牆壁上，甚至整日掛在嘴邊……。大多數品牌並未真正理解何謂「以消費者為中心」思維，更不知如何實現「以消費者為中心」的經營。

「以消費者為主」的核心價值

「不管你怎麼動，我就是圍著你跑……」，這才是以消費者為中心的核心觀念與價值。DTC 為何要品牌去建立專屬的客戶連接管道？幹嘛要求企業須從不同場景，與消費者建立直接溝通的管道？其根本都是為了讓消費者獲得高效便捷的服務體驗，有效提升企業直接面對消費者的頻率。換句話說就是「消費者不用動」，而是品牌圍著消費者來制訂各種行銷策略。

但現實情況是，很多時候品牌的行銷注重自我表達，這就意味著消費者下決策時會多方考慮，為了選購一件商品，消費者甚至會做足功課；為

了買單結帳，消費者可能還得在不同平台上註冊會員……。而上述種種情況，往往就很容易磨光消費者的耐心。

對很多女性來講，逛街其實是某種消磨零碎時間的休閒方式，看到一些小首飾店就忍不住想進去轉一圈。之前和朋友在逛街時曾發現一家首飾店，我花了二十分鐘選中了一個胸針。

結帳時，櫃檯小姐姐笑臉相迎，問道：「請問您是會員嗎？如果不是，就需要按原價 499 元結帳。」聽到這個價格，我愣了一下，心裡充滿疑惑：「原價不是 199 元嗎？」於是我拿過胸針仔細一看，結果發現在大大的 199 元下方竟還有一行小字—原價 499 元……。

爲了不浪費這二十分鐘的挑選，我只能註冊會員。當掃完櫃檯上指定的二維條碼後，手機介面直接彈出店內銷售人員的微信客服號，先要添加好友，還要進群。操作完這些後，店員又告訴我，還要再掃另一個二維條碼，才能成功註冊會員。待這一番煩瑣的操作結束後，雖然時間並不長，但卻讓我格外煎熬和不舒服，尤其是在後面排隊等結帳的顧客們的熱切注視下，更覺尷尬。最後，我把花了二十分鐘挑選出來的飾品留在櫃檯上，並以最快速度逃出這家店。待走出這家店後，我立刻刪掉銷售人員的相關資訊，退出商家社群。

事後，我曾仔細回想自己爲何會失去耐心？原因並非是我想在不付出

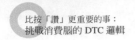

任何時間成本的前提下，只花 199 元買走一件原價 499 元的產品；而是因為我不想為了省下 300 元，得花五分鐘時間讓別人使用我的手機，教自己如何登錄註冊會員，最後則是我不想因為自己，白白耽誤後面的人結帳，讓朋友一直等著……。

不論網路平台還是實體通路，再令人心動的商品，也會讓消費者因為糟糕的消費體驗而放棄下單，有時甚至會嚴重到再也不會購買該品牌的商品。所以，就算商家為了引流，為了實踐長期運營的複購，為了架設具備企業「微信」的數位化中台，但如果沒有站在消費者角度共情，僅是簡單靠利益驅動銷售人員或消費者，這就是不具備「以消費者為中心」的經營思維，小心有時還會適得其反喔。所以，無論在什麼時候，請牢記「消費者是人，不是流量」。真正「以消費者為中心」的思維，就是要把消費者放到所有工作的中心。產品的設計研發需以消費者需求為準，行銷設計需要參考消費者的習慣、偏好，甚至連服務模式都要按照消費需求來調整，這才是真正「以消費者為中心」的邏輯。

明白 DTC 真正的中心思想，觀念改變了，我們也只是在應用該模式的路上邁出第一步。之後，尚有一些具體的問題待解決，比如建立思維模型、操作模型時又該從哪些方面入手等……，這些且容我在後面章節為大家說明。

Chapter 3

「雙環增長模型」：
從 0 到 1，打造 DTC 品牌

萬事起頭難，從零開始快速掌握一種全新的經營模式，其實並不容易。幸運的是，我們多半都是站在巨人的肩膀上往前行，所以可從前輩的經驗和技巧中，總結歸納出一套操作模型，描述企業實現從 0 到 1，快速打造 DTC 品牌的目標。

「雙環增長模型」的內、外環

　　總結過去成功經驗，我們發現，想打造優秀的 DTC 品牌，企業必須具備以下六大元素。

　　第一，極致單品。產品絕對是品牌的核心競爭力，只有在品質、外觀、賣點、服務以及消費體驗等層面都具備差異化競爭力的極致單品，才能滿足消費者的個性化需求，成為被分眾市場下的消費群體信任和喜愛的品牌。

　　第二，超級用戶（Super Consumers）。超級用戶雖只是品牌用戶群體中的一小部分，但卻能夠透過持續複購，為品牌帶來大量且穩定的收益。同時，對品牌極度忠誠的超級用戶，還是品牌行銷與宣傳的重要管道，能夠透過社交裂變，有效擴散品牌口碑，引進更多新用戶。

　　第三，龍頭品牌。品牌的競爭始終只是品項的競爭，只有成為所屬品項中的「龍頭」，品牌才能在激烈的競爭中脫穎而出，被更多的消費者關注並選擇。

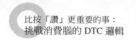
　　第四，關鍵管道。再極致的產品，只有與消費者產生連接，才能真正吸引關注，具備產生轉化爲實際收益的可能性。而**關鍵管道**的價值，就是幫助品牌直接連接消費者，甚至讓消費者對管道產生依賴，實現固定管道的購買。

　　第五，充實內容。要想一個產品成爲某一個品項裡的「龍頭」，首先著重的是內容的包裝，品牌可借助大量不同形式的宣傳內容，持續連接不同類型的消費者，其次是徹底且大量地投放內容，鞏固消費者對產品和品牌的認知，實現消費轉化和持續複購。

　　第六，超級經營。傳統的消費品企業缺少經營意識，習慣透過促銷打折、廣告投放等手段獲取新用戶，刺激銷量。但這種方式本身存在一定的侷限性，誇張的行銷宣傳容易傷害用戶的消費體驗，一旦縮小優惠力道和停止促銷，銷量就會銳減。且就目前而言，流量紅利已見底，企業的獲客成本正在不斷上升。比起「向外求」，企業更該「向內求」，透過持續經營與不斷優化用戶的消費體驗，提升他們對品牌的忠誠度，持續複購。與此同時，企業應該借助精細化經營，帶動使用者口碑，引進新客戶。

　　以上六大關鍵元素，在驅動品牌優化的過程中組成了一個雙環的增長模型，細節如（圖 3-1）所示。

　　其中，極致單品、超級用戶、龍頭品牌構成了 DTC「品牌雙環增長模

圖 3-1 知家「DTC 品牌雙環增長」模型

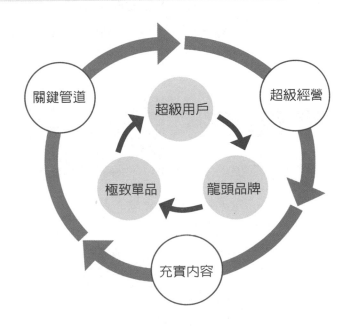

型」的內環，是每一個DTC品牌成為明星路上的里程碑，在確定市場定位、品項細分、人群洞察之後搭建起來的差異化創新型成果。極致單品是品牌獲得長期發展的核心基礎，是成為龍頭品牌的重要推手，是超級用戶表達立場、完成自我躍遷的動力；超級用戶是極致單品形象搭建的重要夥伴、是龍頭品牌持續保持領先優勢的堅實後盾。

　　關鍵管道、飽和內容、超級經營構成 DTC「品牌雙環增長模型」的外環，是拉動 DTC 品牌增長的「三駕馬車」，三者如同三個齒輪，相互配合運轉，帶動整個 DTC 品牌的長期發展。

　　總的來說，DTC「品牌雙環增長模型」是一個「以終爲始」的方法體系。每個板塊都是想成功的 DTC 品牌，需要攻克及實現的重要目標與結果，雖有先後次序之分，但無輕重緩急之別，每個環節都很重要，每個結果都必須落實。

DTC「雙環增長模型」的底層邏輯

　　在具體拆解 DTC「品牌雙環增長模型」之前，我先和大家分享一下這個模型的底層邏輯。「知家」的 DTC 理論是借助公式化思維，幫助企業回歸商業經營的場景，探索企業發展的本質。

　　不管是傳統的消費品企業還是新銳品牌，大家都希望直接面對消費者，與消費者建立長久且穩定的關係。企業面臨的問題或許不同，但解決問題的邏輯肯定是接近的。如果我們能夠打造一個公式化的方法體系，或許便可幫助企業更有效地建立「以消費者爲中心」的商業模式。

　　透過分析，我們發現打造極致的用戶關係、清晰的品牌聚焦、超用戶預期的滿足感、出色的消費體驗、有效的客群運營、充分利用社交媒體、多元化的內容投放等都是至關重要的步驟。

　　這也是我們將 DTC 品牌塑造過程拆解成具體任務後得到的寶藏。

　　為了打通環節，設計公式，我們回歸商業發展的本質去思考，追尋關鍵任務的源頭，剔除無效的干擾資訊，終於找到「極致單品、超級用戶、龍頭品牌、飽和內容、超級經營和關鍵管道」這六個核心課題。筆者在之後的內容中，也將圍繞這六個核心課題，陸續為大家闡述 DTC 品牌增長的方法。

DTC 品牌創新的方法

在協助大量消費品企業提供服務的過程中，我們發現，能得到消費者青睞、保持高速增長的企業都有一個共通點：它們打造極致單品、挖掘超級用戶的價值，並且結合品項的優勢。誠如（圖 3-2）所示，它們不追求一時的成功，重視的是建立長期的品牌「競爭壁壘」[1]。

打造極致單品

簡單來說，打造 DTC 品牌就是一種基於產品而來的創新，企業若少

圖 3-2 DTC 品牌創新論

了具備獨特競爭力的產品來幫忙打開市場、感動消費者，那麼後續的一切努力都將只是徒勞無功。所以，打造 DTC 品牌的第一步便是找到市場處女地，探索消費者尚未被滿足的需求點，研發具備差異化的競爭力，讓消費者領略創新、臣服於商品的「顏值」（賣相）、滿足社交、沉浸體驗的核心單品，這就是所謂的「極致單品」。

大家在日常生活中經常見到的奶瓶，其外觀通常是平直的造型，也就是奶嘴和瓶身在同一條直線上。使用這種奶瓶幫寶寶餵奶，家長必須長時間握住瓶身，藉以保持一定角度，避免寶寶嗆奶。所以，很多母親在哺乳期會因為手腕過度疲勞而罹患腱鞘炎。不僅如此，過於平直、缺乏緩衝的奶瓶，也容易讓寶寶嗆奶。

基於傳統奶瓶的這些缺點，國內某母嬰品牌推出一款創新奶瓶—「歪頭奶瓶」，廠商標榜這款設計可讓家長在握持奶瓶時找到施力點，既可緩解手部疲勞，還能有效避免寶寶嗆奶。

這個小小的設計更動，對許多用戶來說卻是更好的體驗。

打造極致單品的方向其實很多，企業可從細分賽道出發，切入差異化競爭市場，滿足消費者的個性化需求。比如有些內衣品牌從「無鋼圈設計」切入細或從「胸圍大、微胖」切入，以此作為核心來精準抓住消費者對內衣需求的變化，滿足新一代消費者期盼舒適與高品質的多元需求。企業也

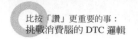
可利用個性化的產品包裝及設計研發，提升客戶體驗，比如極具「花西子」認知標識的浮雕口紅，便是一例。

當然，賦予產品社交屬性，從滿足消費者社交需求的角度入手，也是打造極致單品的邏輯思考方向之一。比如「鐘薛高食品」獨特的瓦片外形和頂部回字設計、「三頓半」咖啡杯的外包裝等個性化的設計等，都能激起用戶們主動分享的欲望。

挖掘「超級用戶」的價值

菲力浦・科特勒（Philip Kotler）[2] 在其著作《行銷革命 4.0：從傳統到數字》（MARKETING 4.0）裡曾經提到，現在的消費者對朋友、家人、粉絲等，與自身具備較高情感聯結的人群擁有更高的信任度。在這種趨勢下，引領輿論導向的傳統行銷模式已經失效，品牌的信任鏈正從「用戶—品牌—用戶」轉向「用戶—超級用戶—用戶」，如（圖 3-3）所示。

所謂超級使用者，是指對產品研發、使用者增長、品牌建設、商業盈

圖 3-3 品牌信任鏈的變化

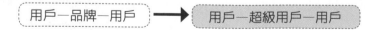

用戶—品牌—用戶 ➡ 用戶—超級用戶—用戶

利能啟動關鍵作用的一群人。超級用戶可將品牌的信任通路打通至用戶這一端，讓消費者對產品的感知程度更明顯，為極致單品的開發和反覆運算提供建議與支持。他們不僅可讓傳播更貼近用戶，打造圈層[3]文化，維繫用戶在品牌社區裡的社交氛圍，還可讓品牌更具爆發力，借助自身 IP，透過內容共創、文化共創，強化品牌傳播效應。

我們都知道，舉辦一場大型品牌活動有多困難，不僅需要結合各方專業人士一起合作，更有大量的細節與瑣事需要確認。「蔚來」深知這一點，所以選擇在舉辦「NIO Day 2020」活動時，改用另一種方式—使用者共創。

「蔚來」在自己的用戶社區中發佈招募用戶顧問團的訊息，吸引近 300 名超級用戶參與，最終經過篩選確定其中 5 位，其中不僅有樂隊主唱、電視節目的導演，還有攝影愛好者……，他們的專業都可以完美地應用到活動的設計中。不僅如此，除了用戶顧問團，同時招募 166 人的志願者團隊，負責活動期間的聯絡、接待、資訊服務等事宜。作為本次活動的志願者，他們不但沒有任何收入，還得投入時間提前接受培訓。但即便如此，仍有很多忠實用戶積極報名參加。

正是因為有了這些願意在品牌操作上投入時間和精力的超級用戶，「蔚來」才能不斷擴大品牌和社群的影響力，獲取更多的忠實用戶。

超級使用者雖只是品牌使用者當中的一小部分，但其價值和作用卻遠超其他普通用戶。所以，超級使用者是品牌在經營客戶時必須特別關注的

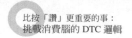

物件，企業需要根據每個圈層的特點來設計行銷方案，針對性地影響不同類型的超級用戶。

知名暢銷書策劃人凱西・希拉（Kathy Sierra）在《用戶思維＋：好產品讓用戶為自己尖叫》（*BADASS：MAKING USERS AWESOME*）一書中曾寫道：「唯有成就用戶才能創造可持續的成功。」而超級用戶的行銷邏輯，就是創造穩定成功的重要因素。

催生「龍頭品牌」

所謂龍頭品牌，就是在某個品項中，銷量排名前三位的品牌。龍頭品牌這個標籤所代表的不只是該品牌的實力和銷量，更是在某分眾市場上，消費者對於這個品牌的認可和信任。也就是說，品牌之所以能成為「龍頭」，能夠得到更多消費者信任，就是奠定在這個基礎上……，企業能夠與客戶更輕易地建立直接聯繫。成為龍頭品牌，便是打造 DTC 品牌的重要環節之一，而龍頭品牌的塑造，通常有以下二種方式。

細分品項

對大多數品牌來說，大品項中的「龍頭」地位往往很難撼動。企業改從一些分眾市場的新興品項入手，反而更容易找到成為「龍頭」的機會。若你是一個才剛冒芽的新品，這絕對是個難得的破口，你這時應該細分在

該領域中，是否有已發展成熟的競品？或是有無其他領域的大公司，正在關注這個分眾市場？若上述皆無，那麼此時就是你切入分眾市場、操作新品牌的最佳時機。

當然，在合適的時機點切入分眾市場只是一個開端，企業能否抓住新品項背後的需求，開發符合消費者需求的產品和服務，這才是重點。很多分眾市場上的新品牌，表面上看似是由企業在推動經營策略，然而實際上卻是消費者不斷細分需求後的結果，這才是它們能在這個分眾市場迅速崛起的動力。

「自熱火鍋」是速食類商品裡的創新品項，爆紅原因是由「宅」經濟和「獨食」新需求而來：這群人標榜「一個人，也要吃得好一點。」從表面看，代餐的興起是消費者健康飲食意識抬頭，然而其背後卻是上班族和學生們在工作及課業壓力下，「便捷養生」的新需求。而日拋型的隱形眼鏡、美瞳類產品，也是為了迎合消費者在使用便捷上的細分需求，進而衍生的一種細分品項產品。

類似的產品還很多，如精品即溶咖啡、即食燕窩、無尺碼胸罩、無鋼圈內衣等，這都是企業在關注消費者對某種類型產品的細分需求後，客製化開發而來的新品。

品項彎道

除了關注分眾市場動態，企業還需要抓住和品項紅利相關的增量市場。例如我們便發現，消費者對全新品項的接受程度更高，對新鮮事物的好奇感更強，企業若可抓住「創新」這個品項紅利，便能夠在同質化競爭中，迅速脫穎而出。

在實際經營中，品項紅利的出現，往往能夠破解企業在品項實現快速發展的停頓期。首先，消費者觀念的轉變帶來新品項的發展機遇。比如越來越多的男性在護膚、美妝上有需求，而這個趨勢催生出男性專用護膚品、化妝品等細分品項；而年輕的女性消費者則是著重低脂、低熱量飲食，而這也是持續推動素食產品持續發展的原因。

其次，革新技術引進源源不斷的新品，並且改變消費者的生活、消費習慣，例如收集用戶睡眠狀態下的資料，自動調整合適的模式，幫助消費者改善睡眠品質的智慧睡眠枕，便得到許多深受睡眠障礙困擾的消費者青睞。

最後，創新的商業模式能架設全新的消費場景，為消費者提供更好的消費體驗。

現在很多年輕人都養寵物，但總會反應每次購買寵物用品時都非常麻

煩，有時甚至需要奔波於幾個不同的店鋪才能買齊。而有些寵物電商品牌透過訂閱制的產品供應方式，有效解決這個問題，使用者可以根據需要來選擇不同價位的套餐，提前下單預訂，待預訂時間一到，商家就會幫你把訂購商品一一送到家。

對企業來說，每個細分品項都是新的機會。在機會出現時，企業應該加強品項創新和用戶行銷，提升市佔率。但無論品項細分還是市場機遇，其實都是在向企業強調一件事，那就是抓住機遇，掌握需求，及時創新。

---

1. 指的是在市場競爭中，企業基於本身資源與市場環境的約束，構建有效且針對競爭對手而來的「競爭門檻」，以此達到維護自身優勢地位的一種市場競爭活動。
2. 美國經濟學教授，現代行銷集大成者，更被譽為「現代行銷學之父」。
3. 源於「物以類聚」而來的一種社會學定律，通常指具備相同社經地位、嗜好與品味相近者聚在一起所形成的一種「次文化圈」。這群人對於生活擁有同樣的期待與價值觀、共識，以此創造一種新的生活方式，傳遞特有的生活價值。

DTC「品效銷」的核心技術

不論傳統企業的 DTC 品牌化，還是新創公司打造 DTC 品牌，極致單品、超級用戶、龍頭品牌這三項要素雖說都能幫助企業取得階段性的成功，但並不能保證企業持續增長。畢竟市場趨勢和消費者心態始終都在變化，所以建議企業在此一基礎上，還要持續關注關鍵管道、飽和內容、超級經營的賦能[1] 等關鍵因素，方能落實品牌長期發展的目標，如（圖 3-4）所示。

關鍵管道、飽和內容、超級經營這三個重要手段，有其各自的作用。

圖 3-4 DTC「品效銷」的核心技術

DTC 品牌關鍵管道的組合設計是否合理，決定品牌能否大幅連接消費者，提升連接的效率和效果，讓業績出現爆發式增長。品牌透過內容種草，多面向地吸引消費者，銷售增長自然成爲內容媒介飽和投放的附帶結果。

而超級運營是將「產品驅動營收」朝向「品牌驅動營收」升級，增強消費者的品牌意識，其中包括品牌話題、品牌 IP、社交關係及全域消費者的經營等。

上述這三個關鍵所產生的持續驅動力，足以 明企業從「產品及價格驅動增長」轉向「品牌驅動增長」的好處，應可成功帶動品牌勢能與溢價。也只有三個關鍵一起發揮作用，才能推動 DTC 品牌「品效銷」合一，實現企業的長期發展。

選擇關鍵管道

隨著網路數位科技的發展，尤以網路原生品牌爲代表的 DTC 品牌與傳統頭部零售品牌，開始憑藉網路邏輯，探索可直接面對消費者的自營管道。它們優化整合原有管道，依靠流量紅利、產品功能創新，與網路及實體通路互通，三者共同驅動，找到爆發強、穩定性高、可控性強、運作成本可監測及可反覆運算的關鍵銷售管道，進而快速發展。

DTC 關鍵管道的四大特徵分別是：

1. 具備數位化驅動行銷及轉化的能力。
2. 具備短期打造爆品的能力，能夠快速切入消費市場。
3. 借助數字化技術，具備實現線上、線下全通路融合與直營的能力。
4. 具備短期獲得商品交易總額高增長，且被多零售行業反覆驗證，有效縮短品牌成功週期的能力。

而從目前來看，DTC 品牌的關鍵管道主要分為以下四類。

私域的社交電商

處於全民社交時代下，現代人最欠缺的就是信任感，而企業打造私域社交電商行銷管道的本質，就是建立經營者與消費者之間的信任關係，維護消費者對品牌的高忠誠度，借助平台數位技術，打通品牌在網路及實體通路購買的管道，透過多觸點的行銷路徑、多元化的銷售場景，讓品牌與消費者的關係，逐漸從陌生人發展成為朋友甚至是家人。在社交電商平台上，用戶的信任價值可以轉換成實際的新流量價值與新營收增長價值，擴張私域社交電商的商品交易額。

作為中國消費者普及率最高的社交媒體，「微信」已成為目前中國內部規模最大、最主流的私域社交電商平台。除了選擇用戶，「微信」自身的商業生態也是推動其成為主流社交電商平台的關鍵之一。

在該平台上，企業可借助「微信」生態，發展從「行銷到交易」的封閉管道，實現品牌沉澱用戶、統計資料、管理系統甚至是提煉演算法的能力，而上述這些要素，就是擴增業績的最大動力。

內容社交電商

企業經營內容社交、打造電商行銷管道的本質，指的是以消費者為主，透過各種類型的內容吸引、引導消費者前來購物，同時透過內容，進一步瞭解用戶偏好，再與商品與內容合作，以此提升行銷轉化的效果。企業在內容社交電商上的行銷活動，通常以內容種草、激發興趣為主，希望以此增加流量，實踐「品效銷合一」。如「抖音」就是典型的內容社交電商平台，品牌透過「短影音推廣種草＋直播轉化」（品牌自播、明星大V、網紅帶貨）組合拳，以抖音小店作為交易市場，實現全方位的高度曝光，藉以促進「品效銷合一」。「五菱汽車」先前就是透過成功經營抖音品牌號來打通行銷全鏈路，直播賣車僅 53 天，便成功實現 1 億元的銷售業績。

再如「小紅書」，年輕女性是其主要用戶，該平台適合基礎完備的電商，經營團隊的品牌；透過密集曝光品牌內容和強勢種草，推動用戶的消費決策，間接實現品牌後續的銷售轉化。

在「小紅書」平台上，某嬰童護膚品透過「高價值內容做口碑＋高曝光流量搶賽道＋搜索卡位精準觸達」的方式，只花一個月時間便迅速拉抬

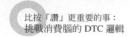

母嬰用品的銷售熱度，站內檢索量增長 140% 以上，有效提升品牌知名度。
借助「小紅書」平台的預熱，該品牌也曾在「99」划算節活動期間，一躍
成為「天貓」嬰童洗護品類銷量第一名。

除了「抖音」和「小紅書」，「快手」也是典型的內容社交電商平台。
企業在「快手」平台上進行促銷活動，打造由「熟人經濟＋信任電商」所
組成的新商業模式，透過建立「主播─粉絲」之間的互信關係，提升粉絲
忠誠度及黏著度，刺激消費。

傳統貨架電商

以「消費流量」為主的傳統貨架電商，「用戶購物需求」是核心，時
至今日，他們依然是坊間不可或缺的關鍵轉化渠道。傳統貨架承擔著宣傳
與管理品牌官網的職責，企業透過優化產品詳情的展示、客服體驗及售後
保證等，吸引消費者關注，控制他們對產品的購買欲望與產生下單消費的
行為。

不僅如此，傳統貨架電商也是享受品牌行銷「長尾效應」[2] 的關鍵轉
化管道。品牌透過在社交電商平台和內容電商平台上的行銷活動，引導消
費者轉化成為該品牌的忠實客戶，進而持續在傳統貨架電商平台上複購。

DTC 實體通路關鍵管道

網路業態固然重要，但實體通路的消費場景也不容忽視。現在的消費者格外重視消費體驗，而網路平台畢竟很難在將產品送到消費者手中之前，爲消費者提供直觀的使用體驗。而 DTC 實體通路的關鍵管道，正好彌補了網路平台消費體驗不足的劣勢，爲企業打破獲客及業績增加的瓶頸。

以「尚品宅配」的網路平台引流、實體通路獲客爲例，店家在「抖音」孵化、簽下大量的 KOL，借助他們的私域管道，傳播與「尚品宅配」有關的居家設計案例，吸引粉絲觀看。同時，這些 KOL 會在個人簡介中寫明微信號，透過「0 元免費領設計」將粉絲引流至微信公眾號。

消費者關注「尚品宅配」的微信公眾號後，總部的客服會致電使用者，確認使用者所在的區域並轉給地區客服。之後，地區客服會再次致電消費者，再次確認消費者的個人資訊、房屋格局圖、設計需求等基本資訊，並將全部資訊傳給設計師。而設計師會在兩天內與客戶聯繫、說明設計方案，並邀請客戶擇日到實體門市去看 3D 設計圖，由此完成網路平台引流、實體通路獲客的消費流程。

如今，網路流量龐大且分散，透過實體通路提供的體驗式消費需求，成爲 DTC 品牌必須關注的市場機會。透過實體通路，其未來是沉浸化、

體驗化、同溫層化的消費模式；而網路平台不僅提供商品，更該注重商品背後的優質服務體驗，這絕對是品牌長期建設的重要環節。

成熟的 DTC 品牌通常會打造線實體自營門市，結合網路平台吸引、沉澱潛在用戶，形成網路世界與實體通路上下共同合作的 DTC 零售策略。在這一策略的指導下，品牌以消費者為中心，為消費者提供更真實的社交互動，無縫式全方位的消費體驗，同時完善售後服務，持續提升品牌形象。

雖然佈局 DTC 關鍵管道的核心與傳統管道的目的一樣，都是實現銷售獲得利潤，但它與傳統實體通路最大的差異，即在於企業需堅持「直接面對消費者」的邏輯，整合原有銷售管道，仰仗企業數位化能力，挖掘各管道的獨特價值。同時，企業更要積極填補消費者的體驗處女地，降低企業的坪效[3] 損耗，找到並建設滿足各零售行業所需，透過多元化、高效轉化的健康關鍵管道組合，實現營收增長的目標。

設計「飽和」內容

飽和內容主要側重於兩方面，一是用差異化內容實現有效種草，提升消費者對產品及品牌的認知度；二是佈局社交媒體方程式，加強全平台擴散，實現流量新增、留存及回流，擴大產品傳播勢能，實現品牌影響共振。

比如在「抖音」平台上，消費者被短影音內容吸引，一次點擊後進入

品牌官方或達人直播間。在直播間場景中，主播生動描述，全面展示，吸引消費者二次點擊，產生購買。「內容種草＋社媒拔草」模式，以極短的行銷脈絡提升轉化率，更重要的是縮短品牌與消費者的距離，讓品牌直接理解消費者，快速回饋、快速反覆運算。

差異化的內容和社交媒體方程式佈局，既可相互影響不同平台上的用戶，也能相互重疊；多個平台組合更可實現彼此間的取長補短；內容平台的廣泛佈局，最終亦可形成長期流通的內容，強化品牌資產；立體式聯合投放，可以有效擴大品牌知名度和影響力，提升商品的傳播覆蓋率及傳播頻次。

在行銷過程中，WonderLab 幾乎都在每個社交媒體上佈局，且每個媒體上投放的內容形式也有區別。

在「微信」平台上瞄準高知女性用戶，利用 IT、財經、行銷類帳號對品牌理念、成分品質、產品功能進行背書，打響品牌知名度。在「知乎」平台上，WonderLab 發揮知識社區平台優勢，聯合「知乎」權威人士深挖專業內容，種草核心種子圈層。

在「抖音」平台上則採用生活化場景、食譜攻略、測評等多角度種草用戶，聯合 KOL 打出「直播帶貨＋廣告引流＋店播帶貨」組合拳，成功吸引更多的目標客群。此外在「B 站」上瞄準健康塑型人群，甄選美食、運動

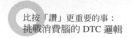
頭部 4UP 主分享健康飲食、健身計畫，聯合 KOL 分享真實產品體驗。在「微博」平台上，則是借助其娛樂基因和強擴散能力，採用聯名活動、代言人行銷、話題互動、KOL 泛娛樂內容多重玩法，拓展更多泛娛樂圈層潛在用戶。

透過在多個社交媒體上傳播不同形式的行銷內容，其品牌影響力在目標客群中擴散，成立第一年就實現 6,000 萬元的銷售額，成為當時其所在賽道中的領先者。

當然，成交是某一形式的內容在某一個展示平台上，充分投放後的一個附帶結果，企業主要還是想透過更多樣的內容，在更多類型的社交媒體上充分投放，盡可能地連接消費者。

規劃「超級經營」策略

品牌的超級經營，其本質是探究該利用何種行銷手段，快速擴大品牌知名度，進而啟動品牌自然流量，與消費者形成更親密的關係，變成品牌的忠實用戶，完成從「產品認知」到「品牌好感黏性」的大幅進化。

品牌一旦與消費者建立情感連結，彼此間就會達成某種獨特的認知及感官體驗，進而讓消費者對品牌產生簇擁情緒，幫助品牌輸送新的目標客群流量。此時，品牌便可利用全域消費者經營，啟動更大用戶基數，加強品牌的核心競爭力，提升品牌溢價空間。

　　超級經營主要包含以下四項工作：第一，經營品牌話題；第二，經營品牌 IP；第三，經營社交關係；第四，經營全域消費客層。

經營品牌話題

　　經營品牌話題的目的是為品牌說一個好故事、傳播品牌價值觀，在用戶群體中為品牌營造一種流行趨勢的氛圍。經營品牌話題就是整合社會化行銷、口碑行銷、病毒行銷，透過話題來釋放品牌價值，激發潛在用戶對品牌的興趣，獲取更多流量，提升用戶轉化，完成行銷目的。

經營品牌 IP

　　經營品牌 IP 可以實現品牌差異化，打造獨樹一幟的風格，調動消費者的興趣，成為忠實客戶。品牌 IP 可樹立差異化品牌形象，吸引消費者注意，提升品牌知名度，樹立品牌形象；可以加強社交關係，拓展消費者溝通場景，沉澱公、領域流量池；可以實現破圈行銷，啟動銷售增長，提高商業價值變能力。

　　「永璞咖啡」打造的國風特色石獅子形象 IP—石端正，讓消費者第一眼就能產生強烈記憶點。此外，主打創意咖啡的「永璞咖啡」積極跨界聯名，與「周大福」、「良品鋪子」等品牌的合作，就是持續強化目標客群對品牌的認知。

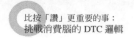
經營社交關係

搭建以「用戶利益」為主的關係，實現從社交關係到社交資產的轉變。

歐拉打造的「唯・ME 營」、「全球共創官」等用戶經營活動，不僅讓用戶與品牌打造的社群產生黏著度，透過後續的社交經營，提供社交體驗，提升用戶的品牌忠誠度，強化培養身份認同與自我表達習慣，將用戶真正轉化變成該品牌的好友。

經營全域消費客層

品牌需要在全管道內實現用戶生命週期經營（全域消費者經營），建立高黏著度、高情感價值的用戶關係，這將成為促進業績增長的動力。同時，品牌應搭建專屬的會員管理平台，藉以整合、沉澱用戶資料；加強與用戶直接溝通，圍繞用戶交互的消費旅程及體驗，以此達到管理優化及服務升級的目的，成功架設品牌的護城河。

處在全生命週期下不同階段的用戶，往往有著不同的偏好。「完美日記」透過搭建資料庫，分析用戶消費輪廓來為用戶做分類，以便能夠客製化地發佈專屬內容，完成精準經營。清楚量化的精準經營，可針對性地為使用者提供產品內容及美妝教程，提升用戶使用產品的感受，催化用戶的留存與複購，提高轉化率和用戶生命週期價值。

　　超級經營的四個內容雖不在同一個面向，但都是「以消費者為中心」的經營。消費者需求和偏好是經營的主要方向，與消費者建立穩固且持久的社交關係，實現持續複購和社交裂變，則是經營的關鍵目標。

　　總而言之，透過拆解 DTC「品牌雙環增長模型」，打造直接面對消費者的商業模式，其路徑已然清楚明瞭。但每個具體環節要如何打造，如何完成關鍵動作，則還需進一步闡述與論證。

---

1. 意指個人或組織，藉由某一種學習、參與、合作等過程或機制，獲得與自身相關事務的主導權，用以提升個人生活、組織功能。

2. 指具備差異化、少量的需求，將會在需求曲線上形成一條長長的「尾巴」，若將所有非流行的市場累計起來，就會形成一個比流行市場還大的市場。

3. 1 坪約等於 3.3 平方米，這是用來衡量商場經營效益的指標，是指每坪的面積可以產出多少營業額。

4. 指在網路平台上擁有大量粉絲的直播主，不同平台有不同的計算方式。舉「微信」為例，粉絲量達 1,000 萬以上者即為「頭部達人」；500 萬～ 1,000 萬為「肩部達人」；100 萬～ 500 萬為「腰部達人」；10 萬～ 100 萬為尾部達人。

Chapter 4

實現短期成功，
打造長期競爭力

一個品牌想在市場上站穩腳步，優質、社經地位高的用戶、具備優勢的品項，三者缺一不可。企業想在同質化競爭中脫穎而出，產品、用戶、品項等都要做到極致，而極致意味著獨特，因為唯有獨特，才能與眾不同。

極致單品：
觀察使用者，打造夢幻逸品

4.1

在同質化競爭[1]日益激烈的市場中，大家開始頻繁提到極致單品及其他類似的概念。時至今日，我們也確實見證了很多新消費品牌借助產品的強大競爭力，快速搶攻市佔率的例子。

雖然許多品牌已意識到優質商品的重要性，但何種商品才是極致單品？又該如何打造極致單品？……這依然是我們需要持續研究的重點課題。

在接下來的內容中，筆者將繼續探討這兩方面的內容。

極致單品：具備競爭力的核心商品

籠統地講，所謂「極致單品」就是企業深入分眾市場，找到市場處女地，探索消費者痛點，打造具備差異化與競爭力的核心商品。對企業來說，打造極致單品，一方面有助於提升品牌形象和擴大品牌影響力，另外也有助於企業開展差異化的傳播策略，打造行業熱點話題，攻佔市場份額，實現超額利潤。

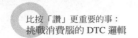

更重要的是，憑藉自身獨特的競爭力，「極致單品」可以有效培養消費者對品牌的忠誠度，驅動企業成長，帶動品類成長，幫助企業奠定領先地位。

若再往下細談，「極致單品」甚至還具備創新力、高顏值、深度體驗效果和社交力道等四大關鍵特徵，如（圖4-1）所示。一個合格的極致單品，可讓消費者感受到產品創新的魅力、臣服於商品的顏值（賣相）、滿足社交功能、沉浸式體驗，藉以取得超乎預期的滿足感，一舉成為該品牌的忠實粉絲。

圖 4-1 「極致單品」的四大特徵

打造超乎預期的滿足感

品類卡位	高水準設計，打動消費者。	以消費者為核心的極致體驗	滿足客戶需求，引發主動分享。
創新力	**顏值力**	**體驗力**	**社交力**
挖掘差異化產品的核心價值	延展品牌核心符號，顏值即吸引力。	全方位客戶體驗管理	從產品到品牌的價值建設

創新力：品項卡位

「極致單品」的核心競爭主力就是創新，期望企業能夠單獨開創一個全新品項是不合乎現實的奢望，更合理的方法應該是透過挖掘消費者的需求和痛點，與現有品項相結合，成功找到分衆市場中的機會。

常見的分衆市場邏輯是，透過細分消費群體、產品功能，打造符合某一個消費客層的特定產品。除了這些常規邏輯，企業也能透過產品的感知入手，強化消費者對於某種屬性的感知，塑造產品的獨特競爭力。

實際上，企業可從以下三方面來強化消費者對產品的感知：

1. 首先是產品，企業可透過提升品質、外觀設計、功能等，讓消費者擁有更好的使用體驗。

2. 其次是服務，企業要爲消費者提供專業、及時的配套服務，例如安全快速的物流配送、完善的售後服務等。

3. 最後則是體驗，對很多消費者來說，產品除了原本的功能價值以外，甚至還包括社交、情感和形象價值等，若從這個角度來看，企業的產品和服務一定要具備足夠的個性和調性，只有這樣才能讓消費者發自內心地認可該品牌的底層邏輯，甚至願意分享。

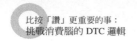
在「小仙燉」出現之前，燕窩品類中並沒有「鮮燉」這個品項。「小仙燉」在進入市場後，透過宣傳「下單即燉」，以及快速運送等服務優勢，讓消費者深刻感受到鮮燉燕窩與傳統的乾燕窩和瓶裝燕窩之間的差異，成功地在顧客心中建立起「鮮燉」這個全新的細分品項。

顏值力：高水準設計，打動消費者

前文曾提到，年輕的消費者要求產品不能只是好用這麼簡單，外觀好看也非常重要。在這個「顏值即吸引力」的時代，企業只有以視覺符號的形式吸引消費者注意，才能取得先機。同時，出色的顏值本身也是產品差異化競爭力的一部分，甚至在某些特定品項中，高水準的工業設計也不失爲一種「分衆」思路。

蕾切爾·沃多夫斯基（Rachel Vodofsy）和她的丈夫馬特·杜克斯（Matt Dukes）在 2015 年創立 VINEBOX 品牌，主要提供酒類市場上短缺的一人份、小瓶裝、分裝高端精品紅酒等品項。因爲消費場景中的類似品牌並不多，加上產品顏值出衆，試管瓶的設計讓人看見便眼前爲之一亮，VINEBOX 憑藉自身的獨特性，快速地在美國突破 100 萬瓶的銷量。

2018年，蕾切爾乘勝追擊推出第二條產品線 Usual Wines。比起試管瓶，Usual Wines 採用少見的錐形瓶，外觀更加前衛且個性化，一經推出便大獲年輕消費族群青睞。

　　兩款高端紅酒飲品，都在包裝尺寸和外觀設計上大膽創新，幾乎是在用打造美妝產品的想法去設計酒類產品。產品設計因此出現顯著差異，最終也讓這兩個品牌在酒飲這個傳統行業中，脫穎而出。

體驗力：以消費者爲主的極致體驗

　　從消費者需求出發，以消費者體驗爲中心，這正是 DTC 品牌的最大特徵之一。這個體驗不僅是產品本身所帶來的使用體驗，更是從初次接觸直到最終購買，一整套的完整體驗。在這整個過程中，有很多能夠幫助品牌與消費者建立連接的關鍵點。想要提升消費者的體驗，這些關鍵點就是品牌最佳的切入點。

　　如何找到這些關鍵點？

　　首先，企業必須梳理自己的客戶旅程圖。所謂「客戶旅程圖」就是以時間爲線索，還原客戶和企業打交道的整個過程，找到客戶與品牌互動過程中的痛點，順勢找到其中的機會點，構成「客戶爲實現目標所經歷的過程」的視覺化資訊圖，如（圖 4-2）所示。

　　「客戶旅程圖」是客戶體驗管理的初步研究階段，能夠幫助企業快速瞭解，每位用戶是如何逐步朝著目標努力。一旦發現客戶是在哪個階段經歷了最多的痛苦或阻礙，待確定了整體的路線後，企業才能有效固化客戶

圖 4-2 客戶旅程圖（範例）

客戶行為	進入	瀏覽	停留	決策	支付	分享

客戶情緒

好奇 → 興奮 → 驚喜 → 值得 → 思考 → 驚奇

客戶痛點	不感興趣，沒有探索欲望。	對瀏覽內容無感	沒有驚喜，無法產生衝動。	突然不想要了，感覺不是必需品。	感覺價格略貴	內容無趣、無價值，沒有分享欲望。

機會點	進入動畫的趣味性 互動式新人券設計	提高商品圖的美感，增強藝術感。 功能模組實用性	進度條顯示 優惠提醒	增值服務 促進下單，完成交易再獲得獎勵。	朋友代付 貨到付款 免密支付 專屬客服	轉發邀請 分享挑戰

連接的那眞實一瞬間，找到提升客戶消費體驗的切入點。

「眞實一瞬間」是指消費者和企業產生交集的每一個瞬間，由此所產生的對於企業、品牌、產品和服務的某種印象。企業可從這些關鍵點入手，透過營造儀式感，凸顯品牌的與眾不同；或是突出重要性，加深消費者對產品及品牌的印象；另外像是製造驚喜，採用隨機獎勵的方式，讓消費者對該品牌留下深刻印象的驚喜過程等，從這些行銷模式中來提升消費體驗。只要企業逐一落實這些眞實一瞬間，透過有系統的規劃，自可爲用戶帶來獨特、難忘的消費體驗，創造美好的消費滿意度。

對於鬍鬚濃密且生長速度快的大多數外國男性來說，定期購買刮鬍刀片及系列產品，肯定是一件既煩瑣卻又不得不做的事情。Dollar Shave Club 觀察到消費者痛點，推出訂閱模式來配送刮鬍刀片。消費者註冊成爲 Dollar Shave Club 會員後，首次消費只需 1 塊錢美金。

而在首次消費後，店家會在寄送給會員的包裹裡精心準備以下六樣物品：精美的包裝盒、有趣的歡迎信、刮鬍產品、會員升級資格說明、免費樣品和《浴室時刻》娛樂資訊。

《浴室時刻》裡刊載了一些男士刮鬍修面的小技巧，回答用戶的一些稀奇古怪的問題。這些物品可幫助會員們快速瞭解品牌，掌握使用技巧，從中獲取優質體驗。而單單這種交付形式，便足以讓消費者對品牌產生好感。

會員們甚至可選擇每月支付 3 ～ 9 美元的訂閱費，享受品質如一的新刀片、定期送上門的刮鬍膏、肥皂等產品服務。無須上街，不用去實體店鋪採買，一切就是這麼方便……。這種一條龍式的消費方式，正好滿足了消費者「省時省錢，無須操心」的需求。

而當競爭對手還在不斷研發更昂貴的新品、開拓更多的實體店面銷售管道時，Dollar Shave Club 早已另闢蹊徑，透過物美價廉的產品、流暢的購物體驗，順利地在市場上攻城略地。

客戶體驗管理的基本內涵，就是企業要找到客戶與企業的連接點，圍繞品牌定位和客戶的核心價值，針對性地選中關鍵點並且做到最好。企業透過極致體驗，打造精品 IP，在某一個品項的消費者心裡建立了品牌形象，這就等同於找到了最佳的切入點。

社交力：滿足需求，引導主動分享

在現在的市場上，某款產品若不具備社交屬性，這就意味著該項商品難以獲取有效的流量，品牌傳播難度也會變高。相反的，一款具備社交屬性的產品，不僅自帶流量，還能激發客戶分享的欲望，讓店家可以最低成本、最高報酬的方式獲取大量優質客戶資料。但是，打造或提升產品的社交屬性並不容易，建議企業可從以下兩方面入著手：一是植入話題，讓產品自帶社交熱度；二是進行場景化設計，讓產品成為社交工具。

1. 植入話題，讓產品自帶社交熱度。

對個人而言，消費不只是滿足物質需求，更多的是獲取精神上的一份滿足感。在現實生活中，很多人早已習慣透過消費行為來表達個性、品味與身份。

人與人之間的交往需要話題，這是避免尷尬和獲取認同的重要手段。若產品能夠稱職地扮演這個角色，自然可以借助社交力量，成功擴大品牌影響力。讓產品本身成為話題，以人們的親密社交網絡為這份信任感背書，並以商品做為載體，彼此交流、分享良好的體驗和優質服務，這正是促進裂變式行銷[2]最有效的傳播路徑。

賦予產品社交屬性，讓產品本身成為話題，自帶社交熱度，最直接的方式就是讓產品擁有可供眾人談論的價值，例如品質、服務、外觀、性能等產品相關方面的突出優點，都可以成為消費者主動分享的內容。就像前文提到的，母嬰產品必須能夠解決使用者痛點，口紅和球鞋則要求款式新穎、時尚，只有這樣，才能激發人們的社交欲望。

生活在大城市裡的種種壓力，讓很多人愛上了自由自在、接近大自然的露營活動。他們喜歡這項活動不僅是為了放鬆身心，更重要的是構建一個社交場景，和朋友們相聚、聯絡感情。所以，與需要大量設備，露營環境相對較差的傳統露營模式相比，那些不需要背負沉重行囊，在公園或社

區的草坪休閒區就可以簡單進行的精緻露營，自然容易獲得更多人關注。

對於追求精緻露營的消費者來說，露營不只是一種戶外互動，同時也是承載社交需求的一種生活方式。他們不僅需要更好的使用者體驗，還期望能夠把這種體驗「秀」在社交媒體上。因此，露營周邊商品的精緻程度、露營環境是否適合拍照打卡、甚至是露營氛圍的營造等，上述種種逐漸變成消費者在精緻露營這方面的隱性需求。

意識到這一點的一些戶外品牌，在設計產品時，開始考慮融入潮流因素和時尚元素。例如某專業帳篷品牌與深受年輕客群喜歡的聊天軟體合作，推出一系列卡通主題產品，很快地就紅遍大江南北，成為被追捧的精緻露營網紅套組。甚至還有一些品牌開始從露營場地入手，透過打造或美好或時尚的環境，滿足消費者的社交需求。

又如浙江某帳篷品牌與知名酒店聯名發起「空中露營」活動，讓露營產品和酒店頂級客房結合，讓會員們可在市中心體驗露營。短短創立九個月，該品牌就憑藉沙灘、帳篷和酒店下午茶所組成的「網紅打卡三件套」，在「小紅書」上脫穎而出。

2. 場景化，讓產品變成社交工具。

同樣的產品在不同的場景下，使用者需要不同的解決方案。而產品場

景化就是代入用戶思維，感受用戶的需求與痛點，深入挖掘並找到使用者真正想要的產品和服務。只有在特定場景裡，提供客戶合適的解決方案，才能讓大家產生驚喜、興奮、認同等情感，進而激發起分享意願和動能。

新式袋泡茶「茶里」和 Chabiubiu 的產品，不只口味符合當下年輕消費者的偏好，外觀設計更是精美，使用起來也方便。很多人不僅把這種產品作為日常的飲品，有時也會當成聯絡感情的小禮物，分享給親朋好友與同事們。

尤其是「茶里」選擇獨特的三角茶包包裝，密封性佳，使用更方便，確實符合當下年輕人的習慣與偏好。

當然，很多時候，使用者的社交分享還需品牌這一方主動推廣才行。

透過與婚禮策劃公司合作，「好望水」將特定產品打造成為一款婚禮客人的伴手禮。而因為與婚禮場景直接綁定，更是強化了消費者對該場景的聯想。

除了這種與特殊活動的場景綁定，「好望水」同樣擅長與生活化場景的匹配。例如早期推出的某一爆款產品，就是定位與火鍋、燒烤等濃油重辣類餐飲消費場景搭配的解膩飲品。在行銷方面，則是聯合一群實體的餐飲店，合作打造「龍蝦節」活動。借助小龍蝦自帶的人氣和流量，將產品

植入大啖小龍蝦的場景中，針對性地向消費者輸出「消夏解膩」的聯想概念，成功增加「好望水」與「重油重辣」類場景的關聯性，藉此強化該產品幫助消化的特點，成功吸引更多用戶關注。

比起企業的行銷宣傳，消費者往往更相信其他消費者的推薦。從這個角度來講，在如今的市場上，缺乏社交屬性的產品，無論品牌傳播還是使用者獲取，或多或少都會受到不利因素的影響。

打造極致單品，把商品當成「品牌」塑造

簡單地說，打造「極致單品」就是企業把某樣單品視為一個品牌來塑造，背後再以強大的資源支撐，讓這個主力商品成為消費者在選購該品項時的首選。

迥異於很多主打養生或宣導潮流生活方式的保養品，LemonBox 將品牌形象塑造為「專業和科學的營養品」，所以在產品研發和品牌行銷，企業也是基於這個形象去展開。

在產品研發上更以「客製化」為主，運用演算法技術、產品開發能力和配備的營養師團隊，解決消費者不知該吃什麼以及怎麼吃的問題。針對這些訴求來設計個人專屬營養問卷，內容包含個人身體基本狀況、目標、生活方式和習慣等。用戶透過填寫個人營養問卷，確定適合自己的營養補給方案。

在品牌行銷方面，除了會在日常生活中定期推出多場的營養教育科普
活動以外，還提供詳細且公開透明的營養成分表，以此建立消費者對品牌
的信任感。在店家推薦的每個營養素頁面上，消費者都能找到以下相關資
訊，包括功效、營養成分、生產地及安全認證、食物來源、食用注意事項等，
甚至是參考文獻等都會清楚標示。

打造一個全新單品的背後總會涉及很多內容，所以打造「極致單品」
絕非是一個直線成長的單一過程，背後需要大量的資料沉澱，包括大量的
測試和用戶市調回饋、累積觀察市場的資料等。在此一基礎上，企業透過
創造最小可行性產品（Minimum Viable Product，MVP），以及測試傳播、
經營通路，調整功能並升級品質，方可成功打造「極致單品」，如（圖4-3）
所示。

圖 4-3 極致單品實驗方法論

前期市調，瞭解客戶需求和市場趨勢。
01

打造 MVP，為升級反覆運算奠基。
02

極致單品是企業配置強大的資源，把一個單品當成一個品牌來做。

產品管道經營測試
04

傳播測試，進行滾動式推廣。
03

前期市調，瞭解客戶需求和市場趨勢

許多新創品牌爲何能夠「一夕爆紅」？

原因就是這些品牌打從一開始就深入做市調，透過研究與分析用戶資料，從中找到最契合市場趨勢的產品。筆者認爲，打造任何一款「極致單品」，都該從市調開始做起。企業透過對市場進行全方位的市調和分析，獲得清楚概念，並與市場細細磨合，方能贏得消費者的心。

「每日黑巧」的兩位創始人在打造這個品牌之前，已有過經營代理進口零食的銷售公司的經驗。在那六年的時間裡，他們逐漸建立完善的國外供應鏈，並且累積經驗與精準眼光。

經過長時間觀察，他們發現海外市場正在興起主打健康化的功能性巧克力。例如日本樂天主推維持腸道健康的巧克力，格力高（Glico）則以可抑制身體吸收過多糖類、脂肪的牛奶巧克力爲主。與此同時，他們也發現在國內進口巧克力中，可可含量較高的「黑巧克力」更受歡迎。這意味著國內消費者對於健康巧克力商品的需求旺盛，潛力十足。

於是，行銷團隊開始切入這個分眾市場，利用過去累積的供應鏈資源與高效的巧克力工業體系，開始研發和量產新品。此外考慮到目標消費者對於低糖、低熱量的追求，因此對傳統產品配料進行創新迭代，精準滿足

消費者的潛在需求。最終，「每日黑巧」打破消費者對於巧克力的傳統認知，上線只短短兩周就敲下 3 萬張訂單，成立一年的營收便打破億元大關。

打造 MVP，爲升級反覆運算奠基

MVP（Minimum Viable Product）是指有部份機能正好可讓設計者表達其核心設計理念的產品。最簡單的產品，通常也是能夠滿足消費者基礎需求的產品。而在實際經營中，打造 MVP 通常可分爲以下四個步驟。

第一步，**快速啓動**。當企業發現足夠大量的市場需求後，要快速打造 MVP，不必很完善，而是要儘快入市。

第二步，**與種子用戶盡速聯繫**。在 MVP 上線後，企業可在使用者社區多方介紹產品功能，建立專業形象，吸引種子用戶。所謂「種子用戶」是指願意嘗試新品，願意爲產品提供使用心得報告或回饋相關建議的目標用戶。

第三步，**與種子用戶深入交流**。企業應及時回應種子用戶的需求，尊重並積極落實他們的建議，從用戶角度出發，判斷產品能否眞正解決他們的痛點。

第四步，**快速反覆運算，讓產品更強大**。在收集到種子用戶的需求後，

企業應按優先順序逐步開發。在 MVP 階段，產品的迭代速度可以更快一點，讓種子用戶明顯感受到產品的反覆運算速度。這樣一來，企業便可在使用者心裡奠定良好的企業形象和品牌觀感。

汽車企業在開發新品時，通常會從社群、公司所在地、員工的親朋好友以及合作單位中，挑選一些有購買意願且具備購買力的個人或企業，以此作為種子用戶。汽車企業會透過各種管道和方式，收集使用者對於新產品的想法，甚至會邀請部分種子用戶加入研發團隊，參與打造新車模型。並在新品上市後，邀請一部分種子用戶進行試駕和行車體驗，再次收集用戶的使用回饋，藉以作為後續產品升級反覆運算的參考。

傳播測試，進行滾動式推廣

所謂傳播測試，簡單來講就是向種子用戶宣傳概念、賣點、願景，讓他們相信的產品可以 明實現目標。之所以選擇在種子用戶群體中進行傳播測試，一方面是考慮測試的敏捷性，種子用戶人數較少，且對產品有一定的基礎瞭解，更容易得出準確且有效的回饋；另一方面是種子用戶在體驗過後，作為直接參與產品設計的人，往往會有主動分享的意願，能為企業帶來優質客戶的資源。

針對種子用戶圈層化的特點，在進行傳播測試時，企業也要在平台上多方分享新品的傳播素材。而在內容設計上，首先是解讀產品。

　　企業應根據新品的定位，選擇合適的競爭對手作為標的，藉以創造一種獨特具差異化的優勢。這樣的內容將能更有效地影響種子用戶。其次是提出價值主張，傳播獨特賣點。當然，打造簡潔有力、引人注目的價值主張，其關鍵點就是從種子用戶的角度出發，審慎思考。

　　在實際執行時，大家可參考筆者總結的「品牌傳播測試自查清單」，其中包含以下八個問題，大家不妨想想看。

・讓種子用戶最頭痛的三個問題？
・種子用戶需要的產品，通常具備哪些共同特徵？
・種子用戶習慣使用哪種用語來討論上述這些問題？
・種子用戶最喜歡哪些功能？
・上述這些功能，能為種子用戶的工作和生活帶來哪些變化？
・對種子用戶而言，哪些傳播用語更能滿足需求、實現自我？
・種子用戶青睞的產品包裝，通常具備哪些特點？
・從外觀來看，什麼最吸引種子用戶的目光？

產品銷售管道的經營測試

　　在種子用戶群體中進行傳播測試，在某種程度上屬於「私域社群[2]測試」。要從這個階段過渡到正式上線，其實還需要透過特殊管道做測試與營運規劃，判斷新品是否達到量產標準；同時根據使用者在不同管道上的

消費行為，確定最合適的管道，優化未來經營的成果。

面對自己所在、消費領域激烈競爭而湧現的「新口味」、「新驚喜」，很多新消費品牌會透過測試來確定產品口味和賣點，其實這種方法同樣適用於產品銷售管道的經營與測試。

企業通常會組織一批目標客層來做市調，例如提供多種不同類型但與品牌理念一致的競品，讓目標消費者選擇偏好的款式來試用，待對方發現這就是受到市場廣泛歡迎的產品形態後，企業就會將其視為自己未來的新品研發方向。

在產品包裝上同樣需要測試。例如企業設計十五種包裝並做測試，以目標消費者最愛的設計方向作為決策依據。這種測試產品和包裝的過程，也是通路營運的測試項目之一。根據不同類型產品的銷售數據和客戶回饋資料，企業可精確判斷哪些產品已獲市場認同，可以大規模量產；又有哪些產品尚不夠完善，必須繼續測試及優化品質才行。

傳播測試也好，管道測試也罷，其根本目的就是降低產品設計失誤的機率，確保新品上線後能夠獲得市場認可。這個測試過程也是明確產品升級方向的過程，企業透過一系列測試，從客戶的回饋中找到改進及升級的路徑。

在實現短期成功的過程中，打造「極致單品」是企業首先要實現的目標。唯有擁有「極致單品」，企業才能考慮經營用戶及打造品項。

在很多業內人士的眼中，2014 年創立的童裝品牌 PatPat，能夠成功打開海外市場並取得不錯的成績，主要依託於企業在演算法和數位化行銷方面的優勢。孰不知，具備極致競爭力的產品才是 PatPat 崛起的基礎。

PatPat 是由三個品牌關鍵字組成，分別是省錢（Save Big）、分享優惠（Share More）、品質保證（Be Sure），這三個關鍵詞已明白告訴我們，它的產品極致在哪裡？

首先是極低的價格。PatPat 的目標客戶是中低收入家庭，其產品價格大多落在 8 ～ 12 美元之間，遠遠低於其他品牌的童裝價格。其次，在極低價格的基礎上，如果用戶願意為品牌和產品進行社交分享，就可以獲得更多優惠。例如在 PatPat App 上，有一個單獨的板塊叫「Pat Life」，用戶可在這裡分享使用心得或生活日常，表達「曬娃欲望」和「分享喜悅」，甚至還可藉此獲得兌換獎勵的積分。

最後是品質有保證。借助國內供應鏈天然的價格優勢，即便產品定價已夠低廉，但 PatPat 仍可提供優質產品。而且，成熟的供應鏈也為產品帶來更多差異化的設計和更快速的更新頻率，消費者可以不斷買到時尚、新潮的產品。正因如此，該品牌才會被稱為童裝界的快時尚品牌。

　　價格低廉、優惠多，加上品質有保障，上述種種將產品競爭力推升到極致。但它們並不以此滿足，依靠數位科技，發現童裝品類中尚未被開發的賣點—可愛。故而在多數童裝品牌還在關注品質、舒適和客製化之時，PatPat 早以改由「可愛」作爲核心賣點，進一步提升產品競爭力了。

　　「極致單品」代表產品具備極致的競爭力，這絕對是品牌打開市場，立足於市場的最佳保障。

---

1. 所謂「同質化」是指同一種類型中，不同品牌的商品各自在功能、外觀甚至行銷策略上相互模仿，以至於逐漸趨近相同的一種現象。而這種處在商品同質化基礎上的市場競爭行爲，便被稱爲「同質化競爭」。
2. 指企業自行建立，只有已授權或已註冊的會員才能夠進入的封閉社群平台，包括忠實顧客、追隨者、愛好者等。透過私域社群，企業可與粉絲們深入互動，提供專屬內容、優惠及商產品等。

超級用戶：
與有限的會員共創品牌價值

在許多文學和戲劇作品中都有「超級英雄」、「超級明星」這種說法，「超級」兩個字總會讓人覺得興奮，因為它意味著這是一個很厲害的好東西。同理可證，超級用戶也與普通用戶不同，他們對企業相形之下更顯重要，貢獻更大。

「超級用戶」的非凡價值

所謂「超級用戶」指的是在企業的客群之中，對研發新品、擴增用戶、操作品牌、提升獲利等目標能夠起到關鍵作用的一群人。對消費品牌來說，超級用戶的商業價值主要體現在以下二方面。

直接創造的價值

超級用戶是產品的重度使用者，擁有重度需求，複購頻率也比普通使用者高出許多。超級用戶的消費力道往往比較高，他們不會過度關注有無折扣這回事，習慣按照自己的意願去消費。

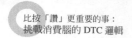

更重要的是，超級用戶往往對品牌有著較高的忠誠度，而高忠誠度代表的就是高消費額度。例如你去年在網路購物消費 4 萬元，其中就在「天貓」平台上消費了 2 萬元，也就是平台上的產品就用掉了你 50% 的消費額度。一般來說，品牌會佔據超級用戶極大的消費額度，而超級使用者往往也更願意為產品或品牌買單。

當然，超級用戶對品牌的忠誠並非與生俱來，而是依靠企業持續經營才逐漸提升起來的。超級用戶不像普通用戶一樣，一遇到問題或不滿就直接投入另一個品牌的懷抱。相反的，他們願意提供意見、建議甚至直接批評。如果企業妥善利用這些回饋意見，持續優化產品和服務體驗，便能在無形中提升競爭力。

為企業間接帶來的價值

超級用戶不只是超級消費者，還是品牌的超級傳播者。他們多半願意主動分享新品資訊給朋友，借助自身的影響力，將品牌的信任管道打通至消費者那一端，讓產品感知更具效率，為極致單品的開發和反覆運算，提供建議與支援。同時，超級用戶也可讓傳播更貼近廣大用戶，借助社交網絡，維繫品牌社區裡的社交氛圍。更重要的是，超級用戶是品牌最好的傳播 IP，可讓品牌更具爆發力，加強內容和文化共創。

美國行銷專家尼古拉斯・克里斯塔基斯（NicholasA.Christakis）在《大

連接：社會網路是如何形成的以及對人類現實行為的影響》（*Connected：The Surprising Power of Our Social Networks and How They Shape Our Lives*）一書中提出了「三度影響力」的概念。他認為，一個人對處於三度（或說三層）以內的人是最具影響力，並且能夠引發他們的行為。

以你為中心，好友 A 是你的第一層關係，好友 A 的朋友 B，是你的第二層關係，B 的好朋友 C，就是你的第三層關係。當你向 A 推薦一本書，A 購買的動力是 50%，B 購買的動力是 25%，C 購買的動力 12.5%。對 C 的朋友而言，你的影響力幾乎是零了。

因為超級用戶與企業之間擁有較強的聯繫，所以企業可以對超級用戶產生直接且有效的影響力。而超級用戶也因為知道自己具備足以認可品牌和產品的影響力，所以願意主動分享，充分發揮自己的影響力。

在現在的市場上，很多企業信奉流量思維的經營模式，希望透過尋找新用戶來獲取低成本流量，藉此提升業績。然而實際上對目前的企業來說，「超級用戶思維」才是更實用的經營理念。

「超級用戶思維」是以用戶為中心，透過持續提供優質產品、服務和體驗留住老客戶，創造二次複購，透過激發用戶口碑來擴增新用戶。它的底層邏輯與私域流量一樣，就是一種客戶主動經營，也就是對客戶關係管理精細化的營運。

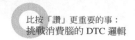
「超級用戶思維」可讓企業意識到「生命週期總價值」[1]（Life Time Value，LTV）的重要性，主動規劃精細化經營，提升消費者使用頻率，改善企業和用戶之間的關係，成就品牌的好口碑。

市場上對於客戶終生價值有著很多不同的解讀，在筆者看來，客戶終生價值主要包括以下三方面：

1. 歷史價值，即客戶截至目前，已經貢獻的價值。
2. 當前價值，是指客戶在未來的一段時間內，能為企業創造的銷售價值。
3. 潛在價值，是指客戶除了購買產品，還能使用其他方式為企業創造的價值，如推薦新客、幫助推廣等。

企業經營超級用戶，其實就是基於歷史價值，深挖客戶的當前價值和潛在價值。更重要的是，超級用戶在企業使用者總數中只是少數部分，通常占比不超過 20%，但他們卻能貢獻 80% 的利潤。若從利潤最大化的角度來看，企業唯有把更多心力放在更重要的超級用戶上，這才是最高明且有效的資源配置。

不同形態的超級用戶，不同的經營策略

對於一個從 0 到 1 再到 N 的品牌來說，超級用戶是沒有「起點和終點」

的。反而是品牌處於不同階段，超級用戶的形態和作用差異甚大，稱呼也不同：他們可能是種子用戶、關鍵意見消費者（Key Opinion Consumer，KOC）、品牌大使，如（圖4-4）所示。所以在品牌行銷的實戰過程中，企業在經營不同形態的超級使用者時，也需要投入不同的經營策略。

圖 4-4 超級用戶的不同形態、作用

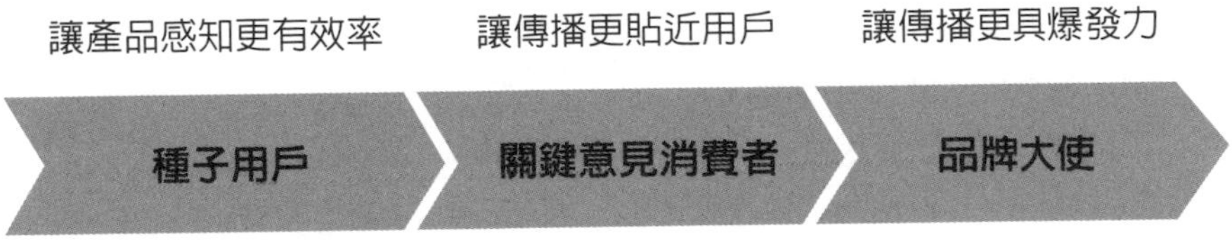

讓產品感知更有效率　　讓傳播更貼近用戶　　讓傳播更具爆發力

種子用戶　→　關鍵意見消費者　→　品牌大使

種子用戶

對產品的整體認同感較強，經常向企業回饋使用心得、市場訊息。這部分人群以情感驅動為主，喜歡分享，能主動傳播產品，是在某個領域中的潛在「意見領袖」。

針對種子用戶，企業要加強「認知滲透」行銷。企業既要觀察使用者也要重視使用心得的回饋，優化並反覆運算產品，實現第一批種子用戶行銷內容傳播，內容可側重於品牌功效、賣點的種草感知效率上，影響目標群體認可產品並做出購買決策。

2012 年 4 月，內衣品牌「內外」誕生。但該品牌並未從一開始就進行研發新品並量產，而是贊助並創辦了一個名為〈她說〉的女性公益論壇。它們邀請產業內的知名女性講述自己的人生故事，喚醒女性的自覺意識。公益論壇每兩個月舉辦一次，每次場地可容納 200 人，連辦六場後，成功吸引了一群認同這個理念的女性朋友，而「內外」也獲得了第一批來自金融界、廣告圈、藝術圈的種子用戶，並在這群人當中建起立品牌的基本辨識度。

品牌顧問彭縈曾在「她經濟研究所」中說道：「如果想要你的品牌與眾不同，那就要保證你的前 1,000 名用戶的調性也是與眾不同的。」

「內外」的第一批種子用戶，也就是用論壇內容吸引到的高知女性，恰好屬於此列。而種子用戶的參考意見，成為了「內外」的第一款產品的助力，幫助企業贏得一群忠誠的女性客戶。

關鍵意見消費者

關鍵意見消費者具備內容創作能力，能夠在一定程度上影響其他用戶的決策。對他們而言，體驗價值大於專業價值，他們能夠給用戶信任感，具備帶貨能力，具有一定的轉化率。通常情況下，關鍵意見消費者會利用一些生活化、有趣的內容來宣傳品牌，擴散產品及品牌內容的真實感，影響其他用戶來下單。

　　針對關鍵意見消費者，企業可加強情感傳播。基於關鍵意見消費者對產品與品牌主張的認可，利用獎金制度來激發用戶複購、種草；同時引導使用者分享產品與建立口碑，引發新用戶關注和討論，提升轉化率。

品牌大使

　　品牌大使能夠賦能品牌傳播力，提升品牌的社交影響力。同時還能賦能品牌產品力，與品牌共創產品，在社交媒體發佈個人見解，獲得廣泛認可。擁有豐富資源的品牌大使，可以幫助品牌實現用戶資料更新與經營，賦能品牌組織力。他們也能借助豐富的管道、帶貨資源，　明產品及品牌的優勢，賦能品牌銷售力。

　　品牌大使擅長打造個人 IP，透過創造行銷話題的方式，成功輸出能夠提升知名度、口碑、互動率、銷售轉化率的內容。

　　作為新興的 DTC 品牌，「露露樂蒙」從一開始就明白如今年輕消費者對於品牌的行銷宣傳活動興趣缺缺。它並未像其他傳統消費品企業一樣，透過鋪天蓋地的廣告或以知名代言人去影響消費者，而是選擇透過經營網路社群的方式來接觸用戶。

　　從 1998 年溫哥華的第一家門店開始，「露露樂蒙」就同時具備瑜伽體驗館和服飾零售店的雙重作用。二十多年來，每到一個新市場，「露露樂

蒙」從不急著打開銷售通路，而是透過一些免費的體驗活動，例如瑜伽體驗課，吸引目標客戶進入品牌社群。然後再與社群當中的 KOL 和 KOC²（Key Opinion Consumer）合作，將他們打造成品牌大使，即品牌在社群中的代言人，並且借助他們對其他社群成員的影響力，實現產品的種草與銷售。

為了保證品牌大使能夠有效吸引用戶，成功帶貨，「露露樂蒙」總是非常謹慎地挑選品牌大使。初步接觸後會展開為期半年到一年的考察，待考察合格後，再與品牌大使敲定初步的合作意向。之後，店家會邀請品牌大使到公司參與培訓，並根據品牌大使在內部員工課程上的考核成績，以及在外部用戶社群活動中的表現，進一步確定是否進行合作。通過考核的品牌大使將與店簽訂為期一年的正式合約，一年後雙方會再次商議是否繼續合作。此舉既可確保品牌大使的行銷效果，也能避免社群用戶審美疲勞，失去信任。

在品牌大使策略的支持下，「露露樂蒙」不設市場部也不打廣告、不找名人代言，但卻成功實現銷量持續增長、品牌資產不斷累積的成果。截至 2020 年，「露露樂蒙」市值已超過 400 億美元。

和品牌大使合作時，在品牌層中，企業要加深品牌在圈層中的企業文化形象，以及創造共同的價值觀，在目標客戶中樹立良好的品牌形象；在產品層中，企業則要邀請品牌大使深度參與產品反覆運算，賦能銷售；在行銷層上，企業須與品牌大使合作，持續產出新內容，累積長效的內容資

產，並能讓其圈層化、規模化地與目標使用者產生連接。

不同階段的超級用戶，不同的培養策略

前文曾經提過，超級用戶並非天生的，而是企業「精心規畫」逐漸培養出來的。那麼，不同形態的超級用戶，又該採用什麼樣的培養策略呢？

培養種子用戶，讓產品感知更有效

作為產品的重要試用者，企業需要收集種子用戶對產品的回饋訊息，同時提供最好的服務（消費）體驗，加強品牌與用戶之間的互動，利用多元化的活動獎勵種子用戶，啓動他們參與產品反覆運算的熱情。在必要的時候，企業更可給予種子用戶某種特權，藉此展示種子用戶與一般用戶的不同與尊榮優勢。企業應優先考慮這群超級用戶的回饋和需求，這樣就能啓動他們參與產品優化、反覆運算的積極度，強化他們對品牌的忠誠度。

以童裝品牌 PatPat 為例，為了瞭解目標使用者—美國媽媽，PatPat 的創辦人王燦在 Facebook 上創立一個由 200 多位媽媽組成的種子用戶群。這些種子用戶來自各行各業，都是母嬰電商網站和線下商場的常客。她們熟悉美國市場，瞭解自身需求，能夠幫助店家發現問題並提供寶貴意見。

在種子用戶的幫助下，PatPat 發現這群住在海外的家長們，習慣根據

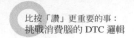
身高來為孩子選擇衣物。瞭解到這個特點後，PatPat 開始在網站上提供詳細的尺碼表和服裝分類，從 0～3 個月、3～6 個月、3～4 歲一直到 12 歲的孩子，家長們都能快速找到合適的服裝尺寸。當然，種子用戶提供建議後，店家會活用優惠折扣或提供兌換券等來回饋她們。這不僅有利於經營社群，還能刺激她們進行二次消費。

在培養種子用戶階段，企業主要的傳播管道就是架設專屬的私域流量池。企業要重用自己的品牌私域主場，與種子用戶間形成「強連結」的關係，加強互動，獲取認可。

培養 KOC，讓傳播更貼近用戶

關於 KOC 的培養，企業一方面要打造小範圍的圈層文化，提供實體通路互動的機會，讓 KOC 交流溝通，提升品牌文化社交氛圍；另一方面，也要在網路上實現常態化的行銷內容共創，讓 KOC 有發聲的特權。

首先，企業應在品牌與 KOC 之間建立「強連結」關係。例如企業可為 KOC 提供一對一的客服服務，這樣既能及時解答超級用戶的問題，也能使其獲得良好的互動體驗。其次，企業在經營與維護社群日常時，應制訂社群活動及說話風格，啟動 KOC 的參與積極性及活躍度。再者，企業應鼓勵群組互動共創，透過創新機制引導 KOC 自發性地參與共創活動。最後再透過 KOC 裂變，形成穩定且具備自發性的 KOC 方程式。

2020 年 7 月 24 日，五菱宏光 MINIEV 正式上市，開啓了出行「小時代」。原本設定的是期望新車系上市後可取代低速電動車，填補老年代步車的市場。但令人意外的是，該款新車上市不久，在大眾公認年輕人種草平台—「小紅書」上便不斷有女性車主曬出自己改裝的宏光 MINIEV，po 文的内容更同時具備客觀分享自己的用車心得，以及對該款車優缺點的評論。久而久之，這些車主便擁有了一個共同的名字—五菱盟主。

五菱宏光 MINIEV 之所以能在社交媒體上得到廣泛傳播，得益於合理的 KOC 培養策略。首先，五菱透過主動篩選、官方引流，引導廣大車主成功添加了 IP 客服號（小菱），並透過發佈與 MINIEV 相關的話題活動，吸引用戶關注並引導其進入品牌 KOC 體系。

其次，五菱官方會針對 KOC 提出的問題，積極溝通，階段性地引導使用者參與活動，並建立 KOC 資料庫，明確用戶標籤，加深彼此間的瞭解。然後，五菱會按照 KOC 的互動頻次，對 KOC 進行分層經營，並透過遊戲互動（福利小遊戲／破冰遊戲）、諮詢回饋（客訴跟進／用車諮詢）、用車分享（車輛保養技巧／車載好物分享／優質改裝案例）等方式培養與 KOC 的深度信任。在此過程中，企業完成銷售轉化的同時，也是爲了尋求建立合作關係的機會。

最後，待與 KOC 建立合作關係後，五菱還會引導用戶裂變，在擴大潛在意向用戶群體的同時，擴大傳播覆蓋幅度。

已在網路上建立合作關係的 KOC，會根據自己的真實使用體驗與品牌服務所產生的好感，透過分享種草、用戶裂變、真實評論，引進更多潛在用戶及更真實的消費需求。當然，為了讓 KOC 的種草和裂變更具成效，五菱也會把握品牌節點事件，引導 KOC 發聲，在車主圈層提升品牌事件的影響力。同時，五菱還會搭建宏光 MINIEV 粉絲社群，透過短影音等形式逐層傳遞品牌特質、企業文化、服務理念等，借助社群內外的人際關係鏈，傳播品牌文化，實現廣大用戶對該品牌的認同和共鳴。

此外，五菱更邀請 KOC 參與新品研發、服務、衍生品開發等過程。在獲得車主認可的同時，五菱進一步瞭解潛在客戶的需求，尋找產品銷售二次增長的機會點。在網路與實體通路之間，五菱會組織不同形式的活動，讓 KOC 切實感受到五菱出色的服務。藉由這種信任感，五菱讓 KOC 對自己的傳播行為產生榮譽感，加速品牌文化的傳播，形成一種開放的商業控管系統。

如今，傳統企業都在尋找一種能快速實現企業與品牌快速破圈傳播的方式，而持續經營與目標消費者緊密互動並可建立聯繫的內容，則是最有效的方式之一。五菱與「知家」合作，快速組建「車主 KOC 經營」團隊，從「小紅書」平台切入，用「五菱師妹」—小菱的形象尋找「五菱盟主」。利用上述的 KOC 養成機制，五菱建立了私域用戶經營體系，打造具備深度黏性的五菱宏光 MINIEV 粉絲圈層，持續經營共創品牌與產品內容的策略。同時在經營 KOC 私域中，實現從老用戶裂變成為新粉絲，新粉絲下單買車

後再變成新車主，讓這個消費過程成為新晉 KOC 的控制系統。

五菱還透過「用戶媒體化，媒體用戶化」的策略，引入多頻道網路平台化經營模式，構建了品牌用戶的粉絲經濟圈，最終建立覆蓋全車型、全平台的用戶方程式，首創汽車行業的用戶共創傳播推廣的經營模式：品牌放手，讓用戶們自帶流量，透過用戶為品牌創造價值。

在不到半年的時間裡，宏光 MINIEV 車主協助五菱在「小紅書」品牌搜索排名中躍升為該行業的冠軍。五菱相關車主筆記在「小紅書」汽車類目全年份額占比從 0.3% 上漲到 4.3%，成為當季最熱門的汽車 IP 之一。截至 2021 年 12 月底，透過這種 KOC 培育模式，「五菱車主 KOC 千人十億工程」雖然只有 1,000 多位深度 KOC 車主，但產出的真實內容傳播量卻高達 10 億則之多。而在「抖音」、「小紅書」、「B 站」、「快手」、「汽車之家」、「頭條」等主要新媒體平台上，覆蓋粉絲超過 5,000 萬人次。

培養品牌大使，讓傳播更具爆發力

針對品牌大使，企業一方面要加強產品共創，搭建受更多用戶歡迎的產品方程式；另一方面要幫助品牌大使發展個人 IP，共同搭建多元融合的傳播內容、方案和平台。同時，企業應賦予品牌大使銷售產品的特權，借助他們擁有的粉絲群力量，擴大銷量。在培養品牌大使的過程中，企業應以網路新媒體平台和實體通路社群活動為主，融合多圈層粉絲，實現裂變式傳播。

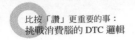

　　品牌大使雖有自己的私域流量池和行銷能力，但作為品牌這一方，企業也要充分發揮自身平台的價值，賦能品牌大使的個人成長，透過科學化的篩選和管理流程（篩選評估、制訂內容、發佈追蹤、沉澱、推薦、淘汰），打造社交代言人，啟動他們針對內容的創意設計，成功打造多元化融合傳播目標。

　　在新冠肺炎疫情期間，很多人開始在家健身。用過「Keep」的人都知道，平台上的優質內容創作者，不僅是專業健身教練，更多的是各種素人出身的達人。而達人「紅」了，「Keep」又為他們做了些什麼？

　　在「2021Keep創作者盛典」上，「Keep」公佈一項針對達人的賦能計畫—萬人伸展計畫，向更多的健身達人、內容創作者遞出橄欖枝。首先，開放並協助針對全網路、全品項、全階段而來的內容創作；其次，對個人來說，不管你是創作新手，或是有具備一定基礎的種子創作者，還是已有能力做出成熟作品和具備影響力的實力創作者，「Keep」都有相關的賦能計畫；最後，還能滿足「紅」人們在流量、商業變現和考取專業證照等多方面的「剛需」，保障運動達人們的創作環境和成長空間，「Keep」堪稱面面俱到。此外，甚至還為創作者設立「創作者學院」。在該學院中，網路平台上有專人對內容設計進行一對一輔導；實體通路則是固定舉辦頭部雙月線下沙龍論壇，創作者能與頭部達人、內部官方課程設計師和用戶研究分析師直接交流。

同時，聯合專業培訓機構，壓縮實體通路的培訓時間，提高達人們透過國際健身教練四大認證的效率。在產品服務部分，「Keep」向達人創作者開放了直播產品功能，讓其可以參與直播。這樣既可擴大內容聲量；另一方面，透過直播這種更具沉浸感和互動性的帶練形式，可讓達人與粉絲之間的接觸變得更直接、更多面向也更細膩。

在平台的賦能下，許多「素人」被逐漸培養成「Keep」的品牌大使。達人走紅後，也成為平台吸引用戶的競爭力。也就是說，在成就內容創作者的同時，「Keep」也成就了自己。

培養超級用戶，其實就是針對超級用戶的深度經營，當企業為客戶創造更多價值，客戶自然也會回饋給企業一定的價值。這就是一個互惠、雙贏的過程。

---

1. 又稱客戶終生價值，是公司從用戶所有的互動中所得到的全部經濟收益的總和。該概念通常被應用於市場行銷領域，用於衡量企業客戶對企業所產生的價值，被定為企業能否取得高利潤的重要參考指標。

2. 指能影響朋友或粉絲產生消費行為的「關鍵意見消費者」，通常本身就是該品牌、產品的重度消費者。相較於 KOL（大型網紅），KOC 粉絲數量較少，但互動率高，加上本身多半就是品牌愛用者，分享的內容往往更具體也更容易被接受、貼近群眾。重要的是，品牌通常能以較低價格與其合作。

龍頭品牌：
創造消費者「首選」的認知

4.3

　　《品項戰略》一書中曾經提到這樣一個觀點：「品牌競爭實際上就是品項之爭。」例如 BMW 與賓士之間的競爭，實際上是窄小、靈活的駕駛機器與寬大、氣派的乘坐機器之間的角力；「百事可樂」與「可口可樂」之間，實質上是經典可樂與新一代可樂之間的角逐；「茅台」與「五糧液」則是傳統醬香型高檔白酒與現代濃香型高檔白酒之間的競技；而「魯花」與「金龍魚」，我則習慣稱之為花生油與調和油兩者的競爭。

　　不同於品牌，品項欠缺特殊的個性，反應的多半是某個事物的共性。當我們在行銷領域，集中研究消費者心中何以會發生這種質變的類別定義時，發現當中最顯著也最重要的規律就是—心智共識。簡單來講，消費者對多種事物、商品或品牌背後，因著認同某種共同資源，故而形成品項。品項名稱是品牌存在的標誌，產品貼上標籤，順勢打開商業大門，品項因此具備相對應的商業價值。品項名稱不是我們預測發明，它需要群體產生共識。順應共識，定義企業產品的品項，藉此啟動的項目、創新的產品、構建的品牌才會成功，才具有生命力。

　　先有品項，後有品牌。

在沒有品項認知基礎的情況下，品牌很難單單依靠行銷和宣傳活動來建立特定的品牌形象。實際上，具備完整意義的品牌應包含兩個要件：品牌名稱和品項。品牌名稱和品項產生關聯，聯繫在一起才能創立品牌。在同樣的邏輯下，企業操作行銷模式時不僅要宣傳品牌，更要將品牌和特定品項綁定在一起，讓消費者只要一想到某種產品，就會立刻聯想到該企業的品牌。

過去，企業行銷針對的是自己的品牌，一般都是透過廣告宣傳來提升知名度。而品項時代的行銷，則是以成為潛在用戶心中的品項代表為目標，這才是核心。透過把握商業發展趨勢，發現品項發展機會，成為消費者心中的品項代表，並推動品項發展，不斷進化，最終主導品項，創建真正強大的品牌。就像《定位》（*Positioning*）一書中所提到：「實務證明，第一個進入人們心中的品牌，其所佔據的長期市佔率通常是第二品牌的2倍，更是第三品牌的4倍，這種比例關係不會輕易改變。」

瞭解品項發展階段，追尋「龍頭」機遇

細分品項看似是由企業操盤，但最終能否成功，還是與品項發展的階段息息相關。在真正進行品項細分操作之前，企業有必要先瞭解一下品項演進的歷程，尋找品項機會，抓住成為「龍頭」的機遇。

一個品項從誕生到發展成熟，通常可以分為五個階段：啓動前期、啓

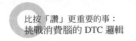

動期、成長期、成熟期、變革期。

品項「啓動前期」

品項啓動前期通常會呈現兩種不同狀態。第一種狀態是，品項所滿足的基本供求關係尚未獲得消費者認同，消費者對品項名稱並無共識。在這一時期，消費者的品項資訊較顯匱乏，吸收的多半是產品資訊，我們稱這種狀態爲「有品牌，無類別」。

第二種狀態則是，有些品項歷史悠久，但品牌需求尚未被充分挖掘，反而是類別名稱扮演了品牌的角色，我們則稱這種狀態爲「有品項，無品牌」。

作爲全球最大的產茶國家和茶葉消費大國，中國幾千年的種植文化和工藝傳承打造出許多名茶。但消費者在購買茶葉類產品時，往往是根據品項來選擇，如紅茶、綠茶等，很少有人會直接選擇品牌。直到「小罐茶」等品牌出現後，這種「有品項，無品牌」的狀況才得以改變。

品項「啓動期」

當一個品項名稱開始被認同、識別並傳播後，這就意味著這個品項即將進入啓動期。品項名稱在這個階段形成共識後，傳播效率大幅提升，傳

播成本大幅降低，基本供求關係成形，品項規模逐漸增長。

「王老吉涼茶」一開始是透過打造降火飲料的新細分品類，成功切入市場。因爲是全新品項，店家首先在有涼茶消費基礎的兩廣地區集中發力，以消費火鍋和辛辣食物的商務人士作爲目標客層，快速打開市場，同時提升品項及品牌知名度，讓產品被更多消費群體接受。

品項「成長期」

進入成長期的品項通常成長快速，但品牌卻極爲分散。這一時期，消費者對解決方案的認知更強，低價策略容易被接受。由於價格槓桿降低，品項規模拉升會更快，但企業利潤率反會急速下降，進入削價競爭的惡性循環。

小家電品項經過多年發展，品牌百花齊放，卻未出現品項中的常勝龍頭品牌。在這個階段，很多創意小家電品牌透過高性價比，具備各種全新功能的產品，例如養生壺、氣炸鍋、智能蒸烤爐等新創商品成功打進市場。在引領消費需求之際，創意小家電產品因種類增加，順勢豐富了原有的小家電品項。

經過低層次競爭的洗禮，品項進入成長後期，由於品項資訊較繁雜，消費者開始改用品牌來簡化品項資訊，對品牌的需求，逐漸迫切。

品項「成熟期」

這個階段的市場格局相對穩定，品牌排序確立，品項進入較長的穩定
期，品項整體規模可謂穩中有降。這一時期的品牌依然需要保持與同品項
其他品牌的良性互動，藉以保持品項活力，並且持續優化現有解決方案。

經過長期的市場洗禮，豆漿機這個品項已臻成熟期。在細分品項下，
「九陽」等龍頭品牌的優勢地位已獲確立，其他品牌的市場佔有率也持續
保持穩定。在這一階段，為了確保品牌的良性發展，企業既會升級產品技
術，例如將免過濾、少渣升級為免過濾、無渣，在原來的時間預約基礎上
增加溫度預約功能，並引入破壁技術、無刀等新技術，同時也會從行銷入
手，展開更豐富多樣的促銷活動，強化品牌形象。

品項「變革期」

隨著品項日漸成熟，消費者持續提升品項需求及認識，此時品項進入
變革期。這個時期通常會出現兩個方向。

第一，品項自然裂變產生品項細分。品項細分是對原有品項進行細分
優化後衍生出子品項，子品項將繼承母品項的核心屬性，但同時又會新增
屬於子品項的基本核心屬性。

第二，品項因技術革新或觀念升級，開始出現品項彎道。品項彎道會顛覆現有品項提供的基本供求關係，是一種全新的解決方案，會直接影響原有品項的品牌排序。

綜合上述，成為龍頭品牌的機遇就在「變革期」，企業必須充分把握變革的二大方向。

細分「品牌」後，「龍頭」誕生……

在面對特定及個性化需求後，「品項」必須優化、裂變、細分，從消費者需求的角度出發。我建議可從功能細分、人群細分、場景細分這三個方向入手。

「功能」細分

市場因為競爭激烈，品項資訊透過不斷生成的行銷概念集中發酵，導致人們願意區分其中一些功能點、利益點，藉此形成新品項。針對細分產品功能，消費者將可清楚察覺到，消費要改從自身需求出發的必要性。

蛋白棒一直被認為是屬於分眾市場裡小品項，是健身族群在運動前後用來補充蛋白質的食物，或是追求纖細身材者的代餐。然而某蛋白棒品牌「F」卻未沿襲這種傳統定位，而是迎合年輕人追求「正餐零食化，零食健

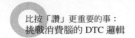
康化」的潮流，透過一系列的行銷內容，將產品塑造成一種「身材管理」
的輔助產品。

與普通產品不同的功能定位，使得「F」快速突圍，獲得很多年輕消費
者青睞。2020 年是「F」推向市場的第一年，其主力商品之一的蛋白棒全年
賣出 1,050 萬根，平均每 3 秒就能賣出一根，總銷售業績達到 1.17 億元，
成立第一年便進入「億元俱樂部」。2020 年「雙 11」期間，在「天貓」蛋
白棒及棒類代餐銷售額、「小米」有品代餐食品項銷售額、「京東」蛋白
棒銷售額等多個榜單中，「F」銷售額均名列前茅。

「人群」細分

除了產品自身的功能，企業也能根據不同消費群體的需求來細分品
項。簡單說，就是根據某特定消費群體的個性化需要，以客製化模式調整
產品和服務。

「第一財經商業資料中心」發佈的〈2020 年輕人群酒水消費洞察報告〉
顯示，近一年來，女性消費者不斷湧入線上酒水市場，「她力量」在年輕
一代酒水消費者中更顯著：從不同性別消費人數的占比看，90 後、95 後的
女性消費者基本上與男性一樣多。女性消費者習慣在閨密聚會、朋友社交
上使用該品項，加上影視戲劇推廣，高品質、有格調、顏值高的酒水飲品，
的確深受女性消費者喜愛。

　　針對年輕女性群體，B廠家開發一款新品。而在酒瓶外觀上，B選擇了特別的小方瓶，據稱其靈感來源於香氛商品，期望在追求高顏值的同時保留一份專屬的獨特。B廠家的創始人表示：「中國目前有八成的低酒精度飲料都是女性群體在消費，我們一開始就認清這點，將該款產品定位為女性低酒精度飲料品牌，希望更精準、迅速地切入市場，優先滿足消費升級所引進的這一大批年輕女性用戶，為中國人創造屬於自己的酒精飲料品牌。」

「場景」細分

　　隨著生活、工作場景的日趨多變，在不同的消費者手中，同樣的商品更須具備應對不同場景的能力。隨著產品應用模式變多，「場景」變成品項屬性和品項特徵之一，由此出發也可細分品項。

　　筆者之前關注過一個燕麥飲品品牌「O」。原因是該品牌成立僅5個月，就獲得了數千萬元的兩輪融資。但關注它之後，筆者慢慢發現，該品牌在場景細分上的確表現優異。

　　「O」主打的燕麥飲品，瞄準主要成分「膳食纖維」的特性，在自有公眾號、「抖音」、「小紅書」上投放許多圍繞「膳食纖維」的行銷內容。透過一系列的內容經營，「O」成功培養用戶對該商品功能的認知和場景感。用創始人自己說的話來講：「大家通常一提到保健品就會想到『湯臣倍健』，但我們也想成為在市場上擁有話語權的燕麥品牌。」

　　為了進一步固化產品的應用場景，「O」把早餐場景中的豆漿當作替代選項。為此，「O」團隊定期舉辦線下社群活動，分享關於「早餐為何應該吃燕麥」的相關內容，現已連接周邊的私域200多人，明年預計在線下連接2萬人，讓「早餐吃燕麥」這個場景，淺移默化地影響用戶。

　　歸根結底，品項細分就是從大而化之的基礎需求中抽離，深度關切消費者更高層次、更具體的個性化需求。當然，在具體細分的過程中，除了消費者的需求，企業更要關心自身的產品特性，不能為了細化品項而捨棄品牌原有的獨特性，更勿選擇不擅長的領域來細分品項。

品項彎道下的王者之戰

　　前文提到，品項彎道通常因著技術、觀念變革而來。那麼，技術變革和觀念變革又是如何顛覆原有品項的？革新技術始終是品項變革的主基調，雖然顛覆式技術性突破機率不高，但幾乎每次技術突破，都會讓品項重新洗牌……。與技術性突破不同，透過認知觀念的改變所帶來的品項彎道其實更常見。環保觀念的改變，引發人們回歸對天然、環保的消費需求。

　　環保觀念在現代人生活各方面造成影響，因而產生品項彎道。以化妝品為例，縱覽十九世紀初到二十世紀末的兩個世紀裡，伴隨著有機化學和石油工業的發展，有機合成技術飛速發展，為化妝品工業的前景提供豐富素材，在化學合成化妝品統治世界時，各大化妝品品牌紛紛標榜自己的工

業科技。而在環保浪潮影響下，漢方、本草、植物、有機等純天然概念，再次為化妝品品牌實現一次重大的品項洗牌。

觀念變革不只是影響某單一品項，它所涵蓋的品項顛覆幾乎是幅員最大的。正因如此，企業更容易感覺到觀念變革所帶來的品項彎道時機，要想真正實現品項細化，除了把握良機，企業更要將細分後與新觀念契合的品牌、產品，充分展示在消費者面前，透過強化這個獨特標籤，結合細分品項與消費者。

Allbirds 是一款主打舒適和環保的運動休閒鞋品牌。創始人布朗將 Allbirds 定位為世界上第一雙專為赤腳穿著而設計的羊毛跑鞋。在原料的選擇上，以羊毛、桉樹和甘蔗等可再生資源為主，幾乎沒有使用一般常用的塑膠等會破壞環境生態的材質。

除了品牌名和原料，行銷策略也非常重視環保理念。2019 年的「地球日」（4 月 22 日）當天宣佈成立企業碳基金（Allbirds Carbon Fund），以其對自身徵收的「碳稅」作為資金來源，以「氣候中立」（Climate Neutral）和「B-Corp 標準」為投資準則，為與陸地、空氣、能源相關的碳消除項目提供資金支持。

透過品牌名、原料、行銷等不同方面環保特性的展示，成功地在消費者心中，建立自身與環保鞋款細分品項的緊密聯繫。

觀念變革所帶來的品項彎道，本質上是消費者理解市場趨勢後，反映給供給端的一種表現。從這個角度講，品項內部的商業變革，導致經銷規則出現變化，順勢引發某種品項彎道。在消費升級及產業數位化的推動下，新經濟業態蓬勃發展，出現眾多高估值企業。2020 年，中國獨角獸企業數量再創高峰，高達 251 家，總估值首次逾萬億美元。這些企業打造的商業模式，憑藉高爆發、高成長及高創新的特性，成為下一代科技和產業變革的領頭羊。

以快時尚女裝為業務主體的 SHEIN，主要市場是歐美、中東等地。2020 年，營業收入更接近 100 億美元，連續第八年實現超過 100% 的增長。2021 年，SHEIN 官方 App 下載量約 7,500 萬次，超越 Shopee 和 Wish，目前其估值已超過 3,000 億元。

SHEIN 是憑什麼成長為隱秘獨角獸的？

首先，SHEIN 將品牌定位為低價快時尚，選擇自建網站、打造私域流量的發展模式。加上產品平均售價只有十幾美元，隨時都在舉辦打折促銷活動。在低價策的推動下，成功打開美國市場。與此同時，SHEIN 也在自建品牌的獨立網站上，打造專屬的私域流量池。透過一段時間的累積，待擁有許多存量會員，再借助會員的社交裂變傳播效應，以最低成本獲取更多新會員。

　　其次，使用網紅經濟模式，充分發揮自身社交電商管道優勢。進入海外市場後，會和當地網紅們密切聯繫與合作，透過 DTC 讓產品與消費者產生直接連接。從 2010 年起，就已透過 Instagram、YouTube、Facebook 等海外社交電商的管道尋找網紅，使用免費的衣服或商業合作模式，換取流量推廣和銷售轉化。截至 2021 年 7 月，Instagram 的 #sheingals 標籤下已有超過 90 萬則留言。

　　最後，「全流程＋高效」的供應鏈體系更是其成功的重要屏障。SHEIN 已形成專屬的全流程供應鏈體系，包括材料開發、樣衣開發、大量生產、品質管理、倉儲管理和物流配送等，甚至整合大批碎片化的製造商產能，將其轉化成快速反應市場的能力。憑藉自身供應鏈的有效整合能力，進一步升級「快時尚」和「直達消費者」模式，透過「即時零售模式」，讓消費者設計自己喜歡的服飾款式。

　　品項彎道是隨著各種變化而來的機遇，也是提醒企業要時刻關注市場變化，準確觀察品項發展的風吹草動。總而言之，當企業可圍繞極致單品、超級用戶、龍頭品牌這三項參與市場競爭，便能為自己在市場上掙得一席之地。不過要想持續這種優勢甚至擴大市佔率，企業必須持續研發極致單品、對超級用戶持續經營，並且確保龍頭品牌的地位不墜，而想完成這些條件，關鍵管道、飽和內容、超級經營更是必備關鍵。有關這幾點，我將在之後的內容中重點說明。

Chapter 5

關鍵管道：
新零售 DTC 品牌的致勝秘徑

隨著網路數位化技術一日千里，以網路原生為代表的 DTC 品牌、傳統龍頭零售品牌依循著這個邏輯，探索可直接面對消費者的網路自營通路，優化整合原有實體零售管道，希望找到較更穩定、可受控、能監測運作成本及可供反覆運算的銷售管道。

與消費者思維的「正面對決」

「通路為王」的傳統零售業，主要依靠經銷管道滲透市場賺取營收。但經銷管道穩定性低、用戶流失率高、運作成本高，導致通路變成一把雙面刃。在這種情況下，越來越多的消費品牌希望透過架設 DTC 關鍵管道，獲得新的增長契機。

2017 年，「露露樂蒙」DTC 業務佔比在 20%～30%。2020 年受新冠肺炎疫情影響，大量實體門市關閉，截至 2021 年，其 DTC 管道收入猛增 101%，共佔總營收的 52%，如（圖 5-1）所示。我們發現，2012～2021 年「露露樂蒙」的 DTC 業務穩步增長。也就是說，能在新冠肺炎疫情防控期間生存下來，又同時保持 10.6% 的營收增長，DTC 關鍵管道真可謂功不可沒。

DTC 關鍵管道的網路、實體融合

佈局 DTC 關鍵管道，是指企業憑藉著落實、理解「直接面對消費者」邏輯，依靠共同驅動流量紅利、創新產品功能，與網路平台、實體店鋪管道變革、互通等三項要件，引導企業 DTC 營收佔比持續攀升，創造爆發式增長。

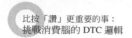

圖 5-1 「露露樂蒙」DTC 關鍵管道增長示意圖

2020 年 DTC 管道佈局獲得超高增速

資料來源：「露露樂蒙」年度財報，國海證券。

相對於傳統經銷通路，DTC 關鍵管道具備以下三大優勢。

打造爆款的即戰力

DTC 關鍵管道貼近消費者，能夠快速聚集第一批種子用戶，透過高效
的客戶回饋，短期內就可驗證爆款商品的特性，引發熱度。

為了推廣「虎皮鳳爪」產品，「王小鹵」和電商平台的高人氣主播合作，

借助電商平台龐大的用戶群和主播的影響魅力，迅速打開市場，成為網紅零食。之後更開始在「微博」、「抖音」等社交媒體上投放內容，進一步擴大產品影響力，品牌也從不同管道獲取用戶回饋，持續更新反覆運算產品，維持其與品牌的熱度。

2020 年雙 11 購物節，「王小鹵」總銷售額超過 2,000 萬元，同比 2019 年增長 3,300%。從 2020 年 6 月起，開始長期佔據「天貓」雞肉類零食類日銷量第一的寶座。

短期內，實現營收飛速增長

既然 DTC 關鍵管道可在短期內打造火紅商品，那麼自然也能在短期內提升品牌的銷售營業額。

安踏集團在 2020 年 8 月開始加強數位化建設，加速朝向 DTC 轉型。從 2021 年發佈的財報資料顯示，「安踏」只用了不到一年半的時間，2021 年營收同比增長 38.9%，達到 493.3 億元。這麼短的時間便透過 DTC 轉型成功，提振業績，打破運動服飾品牌「Nike+Adidas」在中國市場雙壟斷的局面。「安踏」也在財報中提到 DTC 轉型，對於業績提振的重要意義。

當然，DTC 關鍵管道實現商品交易總額高增長，還需要企業具備扎實的數位化能力，賦能銷售轉化、品牌升級以及提升服務效率。

借助數位化手段，驅動行銷

　　DTC 關鍵管道通常會具備網路基因，能夠借助雙向的社交媒體傳播路徑，在銷售時一併收集用戶從關注到成交的消費資料，並透過大數據演算法來分析用戶的消費行為，提取用戶特徵，為後續的精準行銷提供有效的參考數值。

　　「喜茶go」小程式，不僅提供門市點餐、到店前下單、代點外賣等服務，還可獲取用戶的消費場景和行為資料，比如精準模擬使用者、產品銷量、地區分佈和消費高峰時段等重要資訊。然後透過客製化經營，品牌激發客戶購買意願，提升複購率和轉化效率。

　　自 2018 年 6 月上線截至 2020 年 5 月，「喜茶go」小程式的註冊會員已達 2,600 萬人次，複購率更達 300% 以上，其中門市裡便有八成以上的網路訂單均來自小程式。

　　DTC 關鍵管道的三大優勢，幾乎都和網路關係密切，但 DTC 關鍵管道並非單純的網路管道。直接面對消費者不只是企業連結消費者而已，強調的是企業要為消費者提供優質體驗。這方面正好是網路平台的劣勢，需要追求服務和體驗的實體通路來補足。所以，當實體門市在不斷走向網路平台時，也有越來越多昔日主攻網路銷售的 DTC 品牌，開始紛紛加入實體門市銷售的經營模式。

因此，企業在 DTC 化的道路上，不能只注重網路直營旗艦店的發展，更該將網路平台與實體通路的所有管道，看成是具備一致性與樂於合作的生態系統。

網路平台：滿足各種消費習性

1995 ～ 2006 年，在以亞馬遜、eBay、Shopee 為代表的傳統電商平台興起之際，傳統零售品牌和自主品牌紛紛湧現，開始創建品牌官網。受益於日趨完善的網路基礎設施與趨於互信的社會環境，海外消費者逐漸養成先在傳統電商平台和品牌官網上認識、瞭解產品，進而下單購買的習慣。

隨著以 Facebook、YouTube、TikTok、Instagram 為代表的社交媒體日益興盛，國外許多品牌開始注意到，透過社交媒體（海外社交媒體正紛紛加速社交電商探索）與客戶建立聯繫的重要性，「官網＋社交媒體＋傳統電商」共組海外 DTC 品牌的關鍵管道方程式。

DTC 品牌為消費者提供獨特的購物體驗，這意味著必須重新基於消費者行為來設計購物流程，結合客戶的消費資料來輔助 DTC 做決策，這個現象代表著品牌官網在海外 DTC 中的確扮演著關鍵角色。與傳統的協力廠商電商平台不同的是，DTC 品牌官網協助品牌累積更多基礎資料，實現用戶精細化的品牌經營。

當消費者開始缺乏耐心、購物時間隨之縮短，DTC 品牌官網能為消費者提供一站式的客製化服務和優質購物體驗，與消費者進行具備針對性的互動，驅動對方不斷返回官網來重複消費。無形中，官網清楚傳遞出企業完成客戶轉化，成功培育消費者的品牌忠誠度。

箱包品牌 Away 創始人之一的科麗（Korey），與供應鏈多年打交道的經歷讓她意識到，許多高端行李箱之所以價格昂貴，是因為分銷成本和零售商的加成所導致。而 Away 的品牌目標客層定位在「千禧世代」，定價一旦過高，恐會與設定的消費客層之間的購買力，完全不匹配。

因此，在選擇網路關鍵管道時，基於國外會員使用網路搜尋引擎的習慣，科麗佈局了搜索廣告，以及高達二十多個旅遊頁面上的橫幅廣告等。同時，她還將品牌關鍵字與大量的旅遊網站綁在一起，目的是吸引對「旅行」這個議題感興趣的潛在客戶，希望能將龐大的流量引導至品牌官網來下單。這樣的網路關鍵管道佈局邏輯，幫助品牌降低原本中間環節的高成本支出，成功驗證消費者確實有助於降低產品定價。

與此同時，Away 重視與用戶互動，透過覆蓋熱門社交媒體管道方程式，如 Facebook、YouTube、Pinterest、Instagram 等，與消費者直接溝通與聯繫。這些平台也是 Away 品牌行銷的主戰場，藉此向消費者傳達旅行生活方式。透過與消費者共創假期明信片 UGC（User-generated Content，UGC）[1] 內容的宣傳，將產品與旅行結合在一起，向目標客層輸出常態化品牌內容，

融入大家的日常生活中。並在進行長期品牌建設時，於每篇內容裡巧妙加入官網網址，此舉讓消費者在被種草後，便可將流量引導至品牌官網下單。

正是憑藉在 DTC 關鍵管道的佈局，Away 才能在上市第一年便狂銷 10 萬個旅行箱，一舉成為歐美市場行李箱品類的主流品牌。

在中國市場，由於消費者並沒有瀏覽品牌官網後即下單的習慣，大家更傾向於在不同的社交媒體上反覆對比，待確定後再下單。因此，中國 DTC 品牌網路關鍵管道必須投入更多注意力，佈局社交媒體及電商平台，透過品牌註冊的諸多社交媒體帳號與電商平台帳號，成功連接成為「品牌信號網絡」，讓企業從過去的封閉體系，轉變成為網路上的一個個節點。

「社交媒體電商＋傳統電商」共組中國境內 DTC 品牌的主要網路關鍵管道方程式，但在特定行業裡，品牌官網及垂直網站則仍是銷售的關鍵管道。

過去，汽車企業的關鍵管道集中在網路與實體通路合作的 4S 店[2]，熱衷於在電視台投放廣告來做宣傳推廣。但隨著網路技術的發展，單一的實體門市已無法滿足消費者需求，汽車銷售的關鍵管道開始朝向網路移動，透過官網、垂直型網站[3]取得有效會員的聯繫方式並將之引導來店消費。但如今因為已進入社交行銷時代，原先盛行的網路行銷模式，逐漸失靈。

在很多傳統汽車銷售企業一籌莫展之際，某些品牌似已找到新的行銷模式，比如「五菱汽車」。五菱在關鍵管道數位化的基礎上，透過結合「新零售」的創新模式 DTC，大力佈局「微信」、「抖音」、「快手」等直連消費者的社交電商。五菱以內容為槓桿，以社交為手段，獲得潛在客戶的基礎信息。在這種模式下，五菱越過中間商，與消費者建立直接溝通的管道。而每個互動觸點，都能讓消費者對品牌擁有更深的認識、更好的體驗，最終實現消費轉化。

「五菱汽車」與「知家」共同搭建的「五菱電商中心」杭州共創團隊，自 2021 年國慶日起，總計耗時五十三天，標榜不依賴達人，僅透過品牌直播，在五菱汽車、寶駿汽車抖音直播間裡累計逾 1 億元的銷售佳績。

不論國外還是國內的 DTC 品牌，都是透過組合關鍵管道，建立官網來經營專屬的關鍵管道方程式。這不僅能兼顧消費者的各種需求，更能打通該關鍵管道的「品效銷」，快速轉化短鏈，使消費者養成在固定管道購買的習慣，實現有跡可循的常態化業績增長。

實體門市：打破吸客困境與瓶頸

網路關鍵管道雖滿足了消費者多變的購物習慣，卻始終解決不了另一個關鍵問題—消費體驗。實體門市可為消費者提供全方位的實物使用體驗、周到的現場導購諮詢、售後維修服務等項目，這也是很多網路原生品牌依舊選擇實體門市作為關鍵管道的原因。

在眾多實體書店中，日本的「蔦屋書店」稱得上是「體驗管理大師」。本著「生活方式提案者」的定位，「蔦屋書店」圍繞「書+X」的模式，把書本和生活緊密相連。當你在翻閱時尚雜誌時，旁邊就有雜誌上刊載的時尚單品可供把玩品鑑；當你閱讀藝術類圖書時，旁邊也有周邊相關生活用品、文具可供挑選。甚至連書店裡的「生活方式推薦官」也就是導購人員，書店多半聘用例如美食雜誌前主編、文學評論家以及旅遊書作者來擔任，希望藉著他們自己的經驗和專業知識爲消費者服務，協助對方選擇合適的商品。

在實體書店紛紛轉型或倒閉的當下，出色的消費體驗正是「蔦屋書店」逆勢增長的撒手。截至 2021 年，「蔦屋書店」已在全球擁有超過 1,400 家門市，會員人數逾 6,000 萬人。

伴隨著消費需求不斷升級，消費者對消費體驗的要求也越來越高，這就逼迫企業必須借助實體門市的場景化體驗來驅動消費行爲。目前已有很多新銳 DTC 品牌開設實體快閃店等地推活動，利用實體門市的優勢來對消費者進行體驗管理，並與網路平台合作、導流，實現業績增長的目的。

「完美日記」第一家也是最具代表性的門市，就是廣州正佳廣場店。門市内部不僅有華麗的產品展示貨櫃，還設置了吧台桌、試妝區、直播間和打卡牆。消費者不僅可在這裡沉浸式體驗產品，也可在店鋪内的很多地方打卡分享。「完美日記」正佳店於 2019 年 1 月開業，截至 2020 年 8 月，門市月均人流量超過 10 萬人次，月均營收額則達到百萬級別，坪效成功領

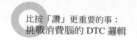
跑同類型店鋪。

　　當然，打造實體門市的在經營方式很多種，最常見的就是品牌和外部
行銷團隊合作打造靈活的實體「官網」。

　　DTC 快時尚品牌 SHEIN，2018 年在紐約開設了第一家實體快閃店，成效
不錯。此後，SHEIN 不斷地在全球各地開設實體門市。每到一處雖只短暫停
留幾天，但仍會融入當地特色風格，精心設計快閃店，藉以貼近年輕人。

　　活動前還會邀請當地網紅、明星、媒體來為快閃店熱場。這種新穎的
實體門市形式，獲得年輕消費者的認可，每到一處都會受到用戶的狂熱追
捧，店門前經常大排長龍。還曾因排隊人數過多，多次出現部分顧客因無
法進店消費，而與其他排隊顧客發生衝突的問題。為了避免此類問題再次
發生，SHEIN 便在邁阿密分店引進預訂系統，結果在活動當天，僅花二小時
就成功完售 3,000 份預訂。

　　據統計，在為期三天的活動中，每小時有將近 125 人進店。

　　除了快閃店，與大型零售商合作，也是 DTC 品牌能夠在網路與實體
門市間，快速開設關鍵管道的好方法。零售業本身就具備一定的客流量
和口碑，不僅能為 DTC 品牌提供初始客流基礎，還能透過官方背書，讓
DTC 品牌更容易被消費者接受。

在佈局實體銷售關鍵管道時，海外很多 DTC 品牌採用的都是這種方式，比如刮鬍刀品牌 Harry、美妝品牌 Function of Beauty、內衣品牌 Lively 等。床墊品牌 Casper 更是與二十多家零售商建立合作夥伴關係，包括諾德斯特龍百貨公司（Nordstrom）、塔吉特（Target）、好市多（Costco）和山姆俱樂部（Sam'sClub）等知名零售企業。

在和零售業合作的過程中，消費品牌需思考一個問題：在直接面對消費者時，企業如何與管道商直營合作，充分利用關鍵管道的多樣性。

在「知家」與「五菱汽車」一起探索汽車企業 DTC 轉型的過程中，「五菱汽車」堅持「管道賦能的關鍵點不在於『控制』，而在於『授權』和『支持』層面。」須知控制強調的是規範和邊界，容易忽視各經銷商之間的差異；授權和支持的核心則在於承認經銷商的多樣性，以及需求的個性化，這將有利於大家改以「利他」角度，思考對方經營場景下的問題，給予更完善的支持和協助。

新零售時代，品牌與經銷商是互利、共贏的關係。品牌要把經銷商看作自己的夥伴，「幫助賦能，一起賣貨」。

飛鶴乳業有限公司董事長說過：「透過品牌與合作夥伴的良性合作，將品牌變成價值並傳遞給消費者，才能真正實現品牌與各合作方的共生共存。有了這種共生模式，企業才能實現長期主義。」

在現實經營中，他們也確實是這麼做的，與供應鏈、經銷商、零售商持續合作，為消費者提供更好服務。2020 年，聯合組織 70 萬場面對面活動，邀請專業營養師開設講座來宣導教養知識，既提高經銷商、零售商的專業水準，更吸引消費者參與，成功協助經銷商和零售商獲客、留客。正因如此，2020 年產品配送率高達 98%，第一季度收入增速便逾 30%。

除了合作方式，成熟的 DTC 品牌也可自行打造實體自營門市，結合網路關鍵管道沉澱，形成上下充分合作的 DTC 零售策略。其好處在於結合實體門市和網路的關鍵管道的行銷模式，讓行銷效果極大化。

行李箱 DTC 品牌 Away 已在中國不同城市開設十三家門市，透過「網路看產品、線下體驗」模式，結合網路、實體門市的關鍵管道。比如在紐約的門市，Away 舉辦過多場不同形式的活動，包括品嚐雞尾酒、瑜伽課程和晚宴俱樂部等。這些活動不僅吸引用戶，更為用戶提供一個社交平台。大家可在 Away 創造的世界中暢所欲言，體驗自己嚮往的旅行生活，並在這種社群活動中，完成複購。

總而言之，企業必須重新理解 DTC 品牌關鍵管道，不能只侷限於佈局網路關鍵管道，更要將眼光放在實體通路上，讓實體門市的關鍵管道成為推動 DTC 品牌增長的助手。兩者並行，DTC 品牌才能擁有更好的發展前景。

1. 又稱「用戶原創內容」或「使用者生成內容」，通常指品牌或某商品用戶自製並在網路社群中分享的資訊或內容。相較於網紅的行銷作法，UGC 多半透過一般用戶創作而來，製作成本低、「可信度高且較無所謂「業配感」等行銷優勢，有助於累積真實口碑，創造可觀的社群聲量！

2. 此為汽車經銷商在中國市場的慣稱，營業項目包括銷售、零組件、售後服務、訊息反饋等（Sale、Spare Part、Service、Survey）等，因此也被稱為一條龍服務。

3. 指在一個分銷管道中，將生產、批發、零售這三者視為單一體系，而用以整合這三者並直接面對客戶的單一體系交易平台，就是垂直型網站。

網路平台 VS. 實體通路門市

一般來說，DTC 的網路關鍵管道需具備實現「公域廣告投放（打造認知）→意向搜索（興趣）→客戶下單（購買）→多次交互，形成複購（忠誠）」的「一條龍式」服務的能力。

具體來講，DTC 品牌的關鍵管道需具備公域獲客、私域用戶經營、電商交易平台這三種特性。從目前的市場趨勢來看，現在流行的社交電商、內容電商和傳統貨架電商，其實都具備以上三種特性。

私域電商：「社區＋電商」互信交易

目前，中國零售市場發展趨緩，存量競爭加劇，迫使企業加速建設私域流量：從「流量」到「留量」，私域電商由此應運而生。基於熟人社交關係網絡，私域電商透過人與人之間的社交信任關係，借助溝通、分享、種草等社交手段，讓企業與消費者直接溝通，順利地在該平台完成交易。

相對於傳統電商模式，企業透過私域電商連接消費者，雙方通常已建立一定的互信基礎，可透過社交帳號進行交互，用戶黏著度明顯高於傳統

電商平台用戶。更重要的是，品牌可在私域電商平台上透過社交帳號，將用戶轉化為私域流量，實現低成本的反覆連接，提升客單價、複購率，達到客戶終生價值最大化。

作為國內受眾面最廣的社交媒體，「微信」同時也是私域電商的主流平台之一。因為私域的本質就是培養信任感，所以「微信」不僅具備「看一看」、「搜一搜」、「視頻號」等前端獲取公域流量的特性，更可夾帶「強關係」連結的社交屬性，作為私域流量池的後端客戶經營工具，如公眾號、朋友圈、小程式、企業微信等。品牌可在「微信」平台上與客戶「交朋友」，建立信任關係，這也是大多數企業會選擇「微信」作為「存量」帶「增量」主戰場的原因。

再者，以「微信」為載體的私域電商可分為以下二種形式：一是品牌直接從公域獲取消費者流量，透過打造品牌 IP 來經營消費者關係與轉化的「流量型私域」。由於企業缺少實體通路消費場景的銷售關鍵管道，於全網網路的主要流量源佔比通常較高。品牌搭建的「微信」私域生態，一方面需要成為品牌，待從公域獲取流量後再沉澱至私域流量池[1]；另一方面，企業需要打通公眾號、小程式、視頻號、朋友圈、企業微信等工具，讓流量可在品牌私域生態裡，順暢流轉。

在打造私域生態時，「波奇寵物」首先就是打通全域閉環，儘量打開能開放的公域流量入口，讓用戶找到更多進入私域的入口。同時，透過公

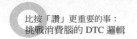
眾號、視頻號、小程式等為使用者提供所需的服務，並透過社群來強化雙方的社交關係。當用戶逐漸升級為粉絲後，再培養他們在自有商城（小程式或 App）平台中轉化消費。

另一種是透過架設企業私域、借助資料化的統籌能力，品牌積極建設實體關鍵管道商城等門市，透過塑造統一的門市導購模式，為消費者提供融合網路、實體的雙重服務，為門市帶動客流及營收的「導購型私域」。打造導購型私域的目的有兩個：一是企業利用私域生態工具整合實體門市價值，透過一系列賦能，提升門市營收；另一則是透過直營邏輯，企業借助門市管理消費者服務等情況，及時並準確掌握市場及消費者真實需求，優化各環節和反覆運算相關數據。

「孩子王」借助各門市導購所收集的使用者需求資訊，成功建立逾 400 個基礎用戶標籤和逾 1,000 個智慧模型的用戶畫像，並以此為基礎，打造「千人千面」的服務方式，實現精準行銷。「孩子王」的銷售費用率也因此從 2017 年的 22.59%，下降至 2020 年的 19.36%；企業存貨周轉天數也從 2017 年的六十三點九天，降至 2021 年第三季度的五十六天，大幅提升經營效率。

無論私域電商形式為何，品牌在「微信」平台上要做的就是聯動公、私域，精細化經營粉絲，完成「引流→留存→轉化及複購→裂變拓客」，這套周而復始的循環，打通品牌在「微信」生態中，良性且完整的流量運

轉與「一條龍式」服務。因此，企業不應只關注於一個微信號、微信群或小程式，尤其是當企業微信崛起，這更意味著企業可打通整個微信生態，提升經營效率。

當然，私域電商所追求的並非「一錘子買賣」，而是發掘客戶終生價值和主動裂變價值，如（圖 5-2）所示。

既然是經營客戶關係，這就意味著企業在經營私域時，必定要跟隨客戶旅程，也就是說，私域就是「打造一個客戶旅程」。在接觸品牌的過程中，消費者在各階段都有明確的疑問、痛點、體驗感知、目標和需求，基

圖 5-2 用戶價值的二大核心指標

使用者價值 = 客戶終生價值 + 主動裂變價值

複購：用戶黏著度和挖掘需求	品牌大使：創造社交貨幣
BA 企業微信 + 會員體系 加強用戶黏著度	品牌大使成長體系 真實用戶發聲，裂變效率上升。
興趣內容社群	內容創作引領
建立品牌情感 持續挖掘用戶需求	創造社交貨幣 增加用戶裂變主動性

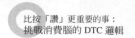

於客戶全生命週期及客戶旅程關鍵時刻，企業必須需要多方觀察、重構和連結客戶的新消費場景，建構品牌與客戶間的交互體驗路徑，驗證企業所做的是否有助於促進購買意願，找到客戶喜歡、願意跟隨的機會點，實現消費者願意來、肯留下、持續消費、好口碑、主動推薦的可持續增長因子，如（圖 5-3）所示。

在整體經營策略下，企業應在整個消費旅程中，明確闡述各階段的核心目的，針對不同的核心目的，制訂關鍵經營策略。

同時，企業在制訂私域電商行銷策略時，也要明確產品和銷售模式，考慮如何設計在打造場景和路徑時需要的工具。這些工具必須能夠完成「微信」私域電商的數位化服務，若做不到就無法產生資料，也就無法進行反覆運算經營。此外，像「微信」這種多功能組合的平台，必然能強化私域電商策略，企業需要找到能匹配組織架構的策略。

當然，私域電商也有劣勢，例如很難像主流公域平台一樣，帶來龐大與可供驗證，貢獻營收增長的價值。換句話說，私域電商短期間無法為企業帶來可量化的營收增長標準。

因為企業很難精算出投入在企業私域中的成本？消費者複購週期又有多長？用戶產出價值的週期又是多久？截至目前，也只能用已發生的商品交易總額來衡量私域創造的價值，企業多半是透過公域平台的短期爆發，取得快速獲利點。這樣的高增長可彌補私域的劣勢甚至虧損，也是市場上並無企業只做私域複購的原因。

圖 5-3 基於客戶旅程的私域電商，關鍵經營策略示意圖

客戶週期	潛伏期	引入期	成長期	成熟期	衰退期	流失期

客戶旅程

從不關注品牌，隨機消費。

產生好奇心，希望瞭解更多。

初步了解，遲疑觀望中。

忠實粉絲及超級客戶的體驗服務逐漸失去新鮮感，進入倦怠期。

產生購買欲望，首次下單消費和體驗。

對品牌感覺不痛不癢，難再產生興趣。

核心目的	啟動低潛客戶，吸引客戶注意。	管道廣覆蓋，引流擴建品牌客戶池。	多元行銷手段的客戶促活、轉化	客戶分層經營，提升複購頻率。	篩選 VIP 客戶，促進客戶裂變。	針對流失客戶，設置定期召回。
關鍵經營策略	網路商店定位，升級替換。	提升客戶資料留存	創新品項組合	商店客戶分層管理	定期一對一接觸	定期辦活動促銷
	公域投放，引流策略。	定期接觸客戶	客戶回購率高的促銷	社群客戶分享	打造內容社區	專屬權益召回
	實體門市推廣策略	流量投放精緻化	客製化遊戲體驗	小型自營商一對一分層	會員服務價值迭代	多頻連結召回

推廣策略

1. 經營平台品牌常態化活動，啟動客戶，培養會員用戶忠誠度。
2. 定期為產品或活動設計社交貨幣，促進客戶裂變、分享。
3. 經營客戶的數位化標籤體系。

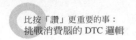

經營私域電商，企業需要的絕非商品交易總額，商品交易總額只是直接衡量最終結果的指標之一。長期來看，私域電商需要的是更多能匹配企業自身情況的創新，不斷反覆運算能獲得正向現金流的超高效率和擴大毛利空間。企業生命力的存續，取決於誰可擁有更牢固的資金鏈，畢竟誰的生存發展空間更大，所能架構的壁壘往往更高……。

內容電商：「內容＋電商」的完美交易組合

內容電商是指以消費者為中心，透過各類型內容影響、引導消費者購物並分析資料，進一步瞭解偏好，讓商品與內容能夠合作，提升行銷轉化效果的一種電商經營模式。

內容電商的核心優勢在於，達人資源豐富、流量資源充沛，相較於傳統電商，內容電商的交易鏈往往更特殊。傳統電商以貨架陳列為主，透過搜索和分類，引導消費者瀏覽商品網頁來購物。在傳統電商模式中，商品網頁是品牌重點投入的部分，這正是「下單」的關鍵。內容電商則以瀏覽內容為主，透過短影音和直播形式開展電商業務，在瞭解消費者對哪種內容產生興趣，推薦匹配對方感興趣的商品內容，這也是「下單」的關鍵。

因此，品牌在內容電商平台上推廣行銷時，需要思考的重點是：什麼內容適合哪些商品？消費者在瀏覽內容時，是否會因內容而「買單」？

常見的內容電商主要有以下三種形態：興趣電商、信任電商、種草電商。內容設計的邏輯，獲取流量的方式等關鍵環節，通常會在不同的平台上有著不同的拓展方式。

興趣電商：用「興趣」激發潛在消費欲望

所謂興趣電商，就是透過大量的用戶需求與個性化用戶媒合，順利成交，其典型代表就是「抖音」。在「抖音」平台上，企業透過推薦技術，把個性化品牌、產品內容與潛在大量興趣用戶連接起來，聚焦興趣內容的推薦，以內容激發用戶興趣，讓消費潛在需求得以增量。「抖音」平台強大的演算法推薦技術，可將商品透過內容推薦給更多的潛在客戶，透過轉化和優化沉澱的結果，將內容至轉薦給更多的潛在客戶，獲取更精準的新流量注入，持續供應新流量、新轉化、新沉澱的目的，順勢引進新客層與業績。

在「抖音」平台上通常以下列兩種方法來獲取流量：一是藉由別人獲取流量；二是自主獲取流量。

1. 藉由別人獲取流量：最典型的作法就是與平台上的 KOL、KOC 合作。這也是品牌在「抖音」平台上獲益的常用手段。品牌選擇資訊流量及達人投放模式，借助 KOL 和 KOC 等的人設[2]、內容信任、粉絲黏著度等來幫品牌背書。在傳播內容的過程中，待消費者被種草後便可直接跳轉到

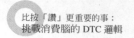
抖音小店，快速下單購買。

在「抖音」架設電商功能後，企業還可直接在平台上採用「分銷」形式來獲取流量。企業專注在供應端，開設多個抖音小店，把產品上架到抖音精選聯盟，讓有流量卻無貨源的「抖音」用戶，將產品上架到自己的櫥窗，由他們負責直播或拍攝短影音帶來流量。企業也可透過測試一些指標，經操作後讓系統把類似熱門款式的人氣商品推薦給「抖音」用戶，產生需求截流。

2. 自主獲取流量：企業透過企業號方程式自營的方式，自主獲取流量，一般必須滿足以下二個條件。一是企業主必須熟悉直播和短影音的底層邏輯與演算法，持續經營反覆運算式帳號，透過標準化、可複製的帳號來下策略，實現以最低行銷費用打造「熱門款」帳號的路徑。

另一是利用平台搜尋引擎優化（Sarch Eengine Optimization，SEO）關鍵字搜索方法論來攔截用戶需求，並以企業號的短影音內容及直播做為載體，「承接一轉化一沉澱」這些公域流量，而其中最重要的轉化方式之一就是「直播帶貨」。

企業級直播帳號帶貨是一門大學問，在這方面，很多傳統消費品牌既無人才又缺方法。之前，「知家」為很多企業提供過「直播帶貨」的服務，在服務過程中，我們總結出「抖音」電商企業號快速衝高業績的六大關鍵經營方針，如（圖 5-4）所示。

步驟 1：登錄帳號。帳號啓動初期的核心是登錄帳號，精準獲取流量。企業在「抖音」平台上經營的就是精準獲取流量。「抖音」電商直接連接平台用戶，讓用戶幫助企業貼標籤，完成帳號登錄。

帳號冷開機期，「五菱汽車」直播間用五天時間爲自己的帳號完成標籤化。品牌透過建立平播計畫，減少付費流量佔比，利用主播口述產品賣點，成功吸引喜歡汽車類客群進入直播間。精準的引流提升了用戶停留、互動的積極度，也讓「抖音」演算法快速掌握直播間的目標客群，實現精準流量推薦，穩步提升直播間熱度與轉化率。

圖 5-4「抖音」電商，直播關鍵經營方針示意圖

步驟 1 登錄帳號	步驟 2 品牌信任	步驟 3 達人種草
帳號啓動初期，偏重於打造。精準標籤化，完成帳號登錄。	拿到品質信任狀，以此為品牌背書。	強有力的達人種草，宣傳商品賣點。
步驟 4 核心 SKU 測試	步驟 5 精準推流投放	步驟 6 經營客戶終生價值
以人氣產品驅動業績，核心是打造 MVP 模型。	直播間的精準播送	精準量化投放預算，堅持長期抗戰。

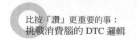
步驟 2：品牌信任。品牌需要借助不同形式的背書來打造信任感，在用戶心中佔有一席之地，成為讓用戶信賴、感到安全、看到就會放心消費的品牌和產品。企業在打造品牌信任感時，通常會使用以下六種方式：

第一，邀請業內權威人士背書，增加安全感。

第二，借助明星、名人代言熱潮，讓用戶產生信任感。

第三，利用從眾心理、製造市場熱點，讓信任度備增。

第四，借助消費者使用心得，透過證言來說服用戶。

第五，迎合新聞時事，打造可信賴的形象。

第六，透過承諾，讓用戶更放心。

「五菱汽車」為了獲得用戶信任，在內部集結官方帳號、經銷商、直營店來營造熱點，組織活動，同時還和車主 KOC 合作，透過真實體驗帶動消費者。在外部則是聯合汽車領域的 KOL 和 KOC，透過飽和內容種草，為品牌及產品進行多面向背書，雙管齊下，最終獲得消費者信任。

步驟 3：達人種草。消費者圈層日趨複雜，每個圈層都有其獨特的核心（Kernel，又稱內核）。企業可在「抖音」基於帳號人群模擬，精準佈局達人種草內容，吸引每個圈層裡的消費者。達人本身就是最真實的消費者，分享的內容或文字，專業與深度或許比不上專業廣告人，但貴在內容真實，其建議往往更容易被接受。

步驟4：測試核心SKU。在「抖音」電商平台上，如果沒有優質產品，那麼即便再厲害的主播、再出色的經營策略，都無法成就品牌直播間。品牌在用人氣產品驅動業績的同時，也要測試核心存貨單位（Stock Keeping Unit，SKU），打造MVP模型，實現經驗重複使用，創造更多MVP產品，促進業績增長。

2021年「雙11」抖音專場中，「五菱汽車」選擇其熱門新款宏光MINIEV與新品五菱NanoEV進行組合。宏光MINIEV作為網紅爆款車款，上市十三個月便突破40萬台，該車款同時在「小紅書」平台上，汽車行業搜索排名第一，已在消費者心中佔據一席之地。

而五菱新品NanoEV，除了造型新穎，更與迪士尼「瘋狂動物城」IP聯名限量發售，從車款配置上看，它與MINIEV一脈相承，不僅擁有更具保障的安全配備，更將續航力延長到305公里。

透過兩款產品的組合帶貨，在滿足不同用戶需求的同時，加上直播間置景、主播口述、產品鏡頭切換展示，最大限度地以用戶為中心進行品牌溝通，讓用戶有更充足的理由買單。

步驟5：精準推流投放。科學衡量投放預算，建立精準投放計畫，幫助直播間流量長期保持穩定，同時還能降低吸粉成本，提升圈粉效果。

不同階段自有不同的投放策略：首先，啟動期並無基礎資料可供參考，品牌這時不妨參考合適的對標帳號（競爭對手的帳號）；其次，成長期帳號可透過「直播間下單＋系統智慧推薦」來測試平台推薦的流量是否準確？最後，直接透過系統智慧推薦成熟期帳號，獲取精準客群。

步驟 6：經營客戶終生價值。直播作為以粉絲經營為核心的行銷手段，品牌應以私域精細化經營，以提升直播間內客戶終生價值為目標，透過完善客戶網路旅程、履約體驗及售後服務，找到客戶對品牌的滿意事項，促進消費者對品牌的高度認同，帶動營收增長。

「抖音」平台上的許多私域功能，也可幫助品牌宣傳。品牌透過預告、展示看點等方式為直播間引流，形成品牌「新增—沉澱—活躍—轉化—複購—裂變」的完整消費鏈。

2020 年，「瀘州老窖」利用抖音企業號方程式進行品牌形象宣傳，首先將企業號直播作為主要流量入口，每天定期開播。同時在前端透過「主頁搭建＋旗艦店」建立私域流量沉澱視窗，承接由社交裂變後在「抖音」上主動搜索的流量，完成流量沉澱及轉化；後端則由品牌借助群聊工具，經營精細化粉絲分類。一方面，品牌在粉絲群聊中發佈直播資訊、福利，強化社群凝結力道；另一方面，不論在直播間還是群聊群組中，品牌會針對不同粉絲來分層，實現有針對性的維護。透過一對一的私訊工具提供極致貼心的服務，提升粉絲信任度並轉化交易。

透過持續經營用戶，「瀘州老窖」抖音粉絲群的用戶日均活躍度達到 19%，私訊、訂閱號群發消息，單日連接上萬人次，直播間粉絲更貢獻了商品交易總額的 59%。

即使用戶下單也不算結束，在消費者拿到產品再到使用產品的履約交付前，上述各個環節也需要品牌精細化的持續經營。

像汽車行業，交車履約時間普遍較長。當用戶在直播間下單後，品牌除了會在第一時間與消費者確定訂單情況，還會借助企業微信將消費者沉澱至品牌私域，以便進行更深度的交付履約及售後服務經營的宣導。

針對在直播間購車的消費者，五菱擺脫傳統交車邏輯：客戶從直播間下單付款到交車完成，店家將集結諸多部門通力合作，一方面將消費者沉澱在五菱企業微信私域中持續經營，另一方面會從車廠直接發車並送到車主手中，再對客戶購車進行全程跟蹤。透過這樣的「直接面對消費者」，期許做到更高效、有保障的信任感交付，更是對車主的一份精準化維護。

「抖音」可以幫助品牌做到傳播與銷售一體化，品牌和產品的傳播要為銷售轉化服務，銷售轉化也要為傳播做出貢獻。企業只有結合產品與消費者感興趣的內容，並將內容精準傳遞給消費者，才能引導對方轉化消費。

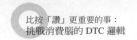

信任電商：由「熟人經濟＋信任電商」組建的新市井商業

新市井商業是一個全新概念，我們將其理解為高黏著度私域、極致信任與公域增長的綜合體。其中，極致信任是核心邏輯；公域代表規模化的增長能力，強調的是輻射範圍更廣的影響力；私域則代表從店面展示到來店消費、轉化的商業效率，強調的是類似社區店舖的「強關係」邏輯。

新市井商業的代表性平台就是「快手」。相較於其他類型內容電商，「快手」關注的核心是用戶和平台內容的創作者。因此，無論個人還是品牌，在「快手」上宣傳品牌時，都需依靠精心塑造的人設、優質的內容輸出，來與平台用戶建立強連結的社交關係，經年累月地累積專屬的私域流量。只有這樣，在一定時間內基於信任關係而來的內容傳播，方可有效提升新客戶的高度轉化和老客戶的多次複購。

對新創品牌來說，知名度、美譽度需要時間經營，「快手」的信任電商正在這樣幫助品牌，利用打造人設與消費者進行品牌價值層面的情感溝通，迅速取得一份文化認同感。

2020 年，主打品牌文化價值感的初創護膚品牌 PMPM，選擇了當時本土美妝品牌都忽視的「快手」平台，將其作為短影音發佈的主戰場。品牌初期在 2～4 周內，尋找受眾人群中的 KOL 進行短期品類投放，以「頭部 KOL＋腰部 KOL＋尾部 KOL[3]」的方式，形成傳播的金字塔方程式，促成內容、

產品與使用者三者緊密連接，沒想到僅投入 80 多萬元的行銷預算，竟卻帶來 20 萬人次的入店。

帶著這樣的積極回饋，品牌確定讓創作者充分發揮專業能力，代入消費者思維，在短影音中逐一講解產品成分、亮點及功效，解決消費者皮膚問題的痛點，透過信任關係，提升銷量。

不僅是新銳品牌，傳統品牌同樣也在「快手」上迎來業績增長。比如傳統「良品鋪子」入駐「快手」十天，官方帳號就漲粉 59 萬，在「快手」的第三場直播，觀看人數突破 900 萬，商品營業額更一舉突破 2,300 萬元。

「良品鋪子」在「快手」平台上進行直播帶貨時，充分認識到「快手」信任電商的定位。在主播人設、直播間氛圍、粉絲經營等方面，始終把增進粉絲信任作為重要目的之一。

與其他品牌會提前策劃主播人設不同，「良品鋪子」不預設主播人設，而是在經過一個月的試播後，讓主播和粉絲共同打造人設。現在，「良品鋪子」已初步形成「湯老闆」這個主角人設，同時搭配產品經理、經營總監、採購經理三個配角人設。有些主播專攻極致性價比，有些則負責為給粉絲發送福利。

在直播間氛圍上則希望與用戶做朋友，而非單純的交易買賣，要求主

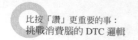

播必須認眞回答粉絲的問題，積極互動。

在經營粉絲方面，除了經常在快手小店粉絲群中做正向引導；此外還會推出一些只有老客戶才能購買的特價福利品，並且還會定期更換福利品，確保老客戶的新鮮感歷久不衰。而受惠於粉絲的信任和重視，目前老客戶在每場直播中都至少貢獻了 60% 的營業額。

在產品方面，直播團隊一開始主觀認爲用戶可能更喜歡低價商品，但後來竟發現，用戶看重的是價值而非價格。所以目前開始調整產品組合和產品包裝，透過資料回饋，推出 100 多塊錢的 SKU 組合，成功獲得用戶認可。與此同時，每半個月調整一次貨架，換掉轉化率較差的商品，增加高轉化率的商品庫存，篩選最適合直播間的產品。甚至爲了引誘老客戶下單，還會定期增加一些新品來維持新鮮感。

在實際經營中，品牌在「快手」平台上，也有一套電商經營方法論。

第一步，品牌打造人設，樹立平台個性。品牌應使用平台用戶喜歡的方式來溝通，實現品牌直播。同時，主播也要有專業能力和人格魅力，願意與用戶做朋友。

第二步，品牌透過經營、加持公域流量[4]，引入店鋪直播和商業化投流，提升粉絲數量和轉化率。

第三步，在直播的基礎上，品牌可與達人分銷合作，探索自己的品牌、商品在「快手」電商生態中的爆發係數。

第四步，借助官方活動的扶持、加持行銷資源，品牌經營短影音和直播場景下的複購，實現粉絲數量滾雪球式增長的目標。

第五步，品牌需開發關鍵管道特殊品項，充分滿足不同關鍵管道上的需求。

正如「快手」電商負責人所說：「沒有哪個飯店可以一直依靠拉攏新客戶，而非靠回頭客存活下來。」信任是品牌實現滾雪球式增長的根基，品牌商家將「快手」作為網路關鍵管道的探索，為品牌未來的長久互動與轉化銷售，奠定基礎。

種草電商：以「全方位種草」轉化留言諮詢

以前，產品是由品牌和廣告定義的，透過一系列產品賣點告訴消費者：「我是什麼，你要怎樣」，透過對消費場景的引導，促成交易。新消費品牌正好相反，消費者從最終的接收端逐漸走向前端，變成消費方式的創造者和引導者。品牌成為消費場景的參與者，開始根據消費者的需求，決定自己的產品和服務。

在這種趨勢下，自帶種草基因，以消費推薦為主的內容社區，逐漸成為許多品牌在瞭解消費者、宣傳新產品、種草及影響消費決策時的關鍵管道。「小紅書」就是其中的佼佼者。在「小紅書」上，每天會有無數原生需求回饋及潮流方式的宣傳內容。品牌方要做的就是觀察其中的真實需求，將產品和構建品牌的場景，與消費者需求達成共識，透過全方位有效種草，影響消費決策。

在過去，「五菱汽車」給人的印象是一款老舊、笨重的麵包車。在品牌打破窠臼的過程中，企業發現「小紅書」上有用戶在陸續分享自己改造汽車的心得，便以此為契機，推出更適合「小紅書」用戶需求的馬卡龍色系和夾心款。

「五菱汽車」在站內首發「潮裝活動」，打造話題「裝出腔調」，透過邀請用戶展示他們對於五菱宏光汽車外觀改裝成果，成功掀起一波改裝風潮，將五菱宏光 MINIEV 的品牌認知，從「買菜代步車」扭轉為「行走的塗鴉牆」。

透過觀察和引領平台內的潮流，五菱宏光與消費者共創新產品，刷新品牌印象，重新煥發年輕活力。之後，五菱宏光更與「小紅書」推出聯名車款—五菱小紅車，獲得大規模產品聲量，培養意向消費者，品牌熱度提升 669 倍，「品牌廣告＋筆記」便超過 2.4 億次曝光，實現煥新品牌印象、銷量暴漲、聲量翻盤三合一」的目標。

有別於其他內容電商平台，為了保證用戶對平台的信任，「小紅書」的商業化之路極其克制，「一條龍式」服務也尚未成形。但這並不意味著產品無法在「小紅書」上轉化，品牌透過分享生活方式的種草「軟廣 5」，影響用戶的消費決策，完成用戶留言諮詢和產品銷售。

尤其是一些高單價產品，個人偏好往往比功能參數更能打動消費者。在「小紅書」平台上，品牌透過一系列內容打動消費者：廣告投放加深用戶認知、全方位種草引發用戶的情感、用他人的親身體驗去背書，推動使用者透過品牌筆記網頁、留言諮詢去驗證自己的選擇。

在打動用戶的整個流程中，用戶留言諮詢、自我驗證都是成功轉化的關鍵環節。品牌一方面透過資訊流廣告，將使用者引入品牌主網頁，實現用戶留言諮詢；另一方面也可在筆記上展示快捷私信入口，方便用戶跳轉到商家店鋪進行私訊溝通，提升留言諮詢的效率。

2019 年，「小紅書」開始嘗試直播帶貨，部分品牌也會在企業號直播後透過私訊與直播間粉絲溝通，將其引流至微信私域，提高轉化率。

2020 年 5 月，吉利旗下「領克汽車」聯合「小紅書」官方企業號，由「小紅書」知名博主透過直播形式，向網友種草旗下轎跑車 SUV 領克 02 的試駕體驗，當天有 301 名用戶透過直播間，預約試駕落地頁面進行留言諮詢，其中更有 196 人在短短兩周內，便透過官網下單購車。

目前，雖然發展電商是「小紅書」商業化的必然嘗試，但品牌要想在「小紅書」上透過 KOL、KOC 種草，在官方企業號經營電商銷售的「一條龍式」服務，還需要很長一段時間。「小紅書」目前僅處於接受購物櫥窗、圖文／視頻帶貨連結等廣告形式，讓交易環節鎖定在自身平台的階段，後台對接的仍是電商平台的貨物。在這種情況下，內容平台雖自稱平台可創造電商商品營業額，但實際上仍只是一個流量輸出者。「小紅書」在整個購買流程中，充其量就是擔任導購的角色。

可以這麼說，「小紅書」尚未找到有效實現穩定持久的電商「一條龍式」服務策略。對消費品企業來說，「小紅書」平台需要成為關鍵管道方程式中的一員，但在「品效銷合一」的「銷」上，仍需持續探索與發展。

傳統貨架電商：享受行銷長尾效應

有人說，新興的社交內容電商崛起，傳統貨架電商開始沒落？

其實不然，社交內容電商的交易本質是「發現式商務」（Discovery Commerce）[6]，利用資訊的不對稱性與信任關係，快速激起消費者的購買衝動，傳統貨架電商的交易則是基於消費者日常需求，進行搜索式購物。

像「淘寶」、「天貓」、「京東」這樣的傳統貨架電商，用戶都是帶有明確目的進來瀏覽，先有需求，再去搜索，然後選擇值得信任的品牌購買。在擁有明確品牌選擇的情況下，經過企業一系列的品牌及產品的行銷

與經營，消費者自然成爲品牌的客戶或忠實用戶。此時，品牌所佈局的傳統電商方程式，其實是在享受行銷所帶來的複利轉化。

當然，電商平台既不自產流量也留不住流量，只能消費流量，每到「雙11」、「618」這樣的網路購物節，品牌方都要透過「站外行銷」獲取流量。品牌經營傳統電商平台就像撒網捕魚一樣，透過消耗流量來將其轉化爲品牌自己的銷量。

若把行銷當成投資，我認爲品牌若僅依靠流量追求短期變現，那將永遠處於低標的投資漩渦中。透過策略性佈局核心流量型關鍵管道，長期深耕市場，提供足以打動消費者的優質商品履約保證，以及使用者售後服務體驗，才能撼動傳統電商，從質變轉化到量變，獲得長期穩定的口碑及營收。而傳統貨架電商就是企業享受品牌行銷長尾效應的關鍵轉化管道，在以「淘寶」、「天貓」及「京東」爲代表的傳統貨架電商平台上，品牌又該如何經營？

「淘寶」、「天貓」的品牌經營策略

傳統貨架電商不自產流量，「天貓」則希望借助「淘寶」生態及「阿里媽媽」的力量，透過「淘內＋站外」爲品牌帶動流量，如（圖5-5）所示。

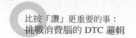

圖 5-5　品牌各階段，淘系貨架電商的經營核心

初創期	--------	打造高人氣爆款
成長期	--------	單一品項滲透
進階期	--------	擴展多品項
成熟期	--------	全方位發展

　　新創品牌首要工作是在站外維護內容的平台，透過低成本的 KOC 種草，建立品牌形象與口碑；與此同時，在「天貓」平台上透過「阿里媽媽」的效果廣告方程式，與「天貓」新品牌行銷團隊合作打造熱門款式，成功拉攏新會員並轉化業績。

　　成長期的品牌擁有一定的口碑和用戶積累，行銷重點在於「站內＋站外」的內容行銷。在站外，品牌要借助 KOC、KOL 的影響力，透過短影音、圖文、直播等內容，夯實品牌在用戶心中的地位，實現經營目標。在站內，品牌可透過「天貓」的行銷領域、直播專場及效果廣告等功能，培育熱點內容，提升「營→銷」的轉化效率。

　　進階期的品牌可透過邀請代言人、跨界聯名、連接跨圈層客群。在站內，品牌可借助「天貓」超級品類日等行銷節點 IP，加上 AI 智投、超級風曝 [7] 等行銷功能，連接更多潛在客戶，跨界拓展產品影響力。

　　成熟期的品牌，目光應聚焦整合全域行銷資源，建立更廣闊的品牌認知。在站內，除了常規的節點 IP 行銷，品牌還可借助開屏、品牌專區等行銷產品獲取更多曝光，與目標消費者有效溝通，擴大品牌影響力，在消費者心中樹立良好形象，穩定發展。

「京東」的品牌經營策略

　　作爲憑藉 3C 商品打開市場的電商平台，「京東」更偏愛優質的熱門商品。高人氣新品可在平台上獲得較高點擊率、搜索排名、品牌排名，爲店鋪帶來更多流量。在熱門商品的基礎上，品牌仍需聯動「站外全管道行銷引流 + 站內自然流量」，大幅提升銷量。

　　「京東」站內行銷主要集中在「王牌超級品牌日、mini 超級品牌日、超級品類日」這三個節點上。站外品牌需借助主流社交媒體，透過「認知→吸引→消費→沉澱」的方式，將用戶引導至「京東」站內，轉化銷售。

　　對每一個消費品牌來說，傳統電商是品牌佔領市場後獲得長尾效益的關鍵管道。長期來看，品牌只有將新興、傳統電商平台結合在一起，打造網路平台與實體門市共存共榮的行銷管道，才能走得更長遠。

---

1. 意指透過免費、不限次數接觸用戶的管道（包含自媒體、LINE 群組、私人社團）所累積的客源，或企業透過自建媒體平台，如官網、App、社群媒體等，吸引並掌握自身品牌用戶流量，而上述這些管道即稱為「私域流量池」。
2. 指人物設定，意指對人物特定方面的設計、制訂。此處為網路用語，特指人物形象。
3. 粉絲量級在 10 萬以上的活躍達人（30 日內有發布時過視頻的達人），其中粉絲量 1,000 萬以上的為頭部達人，500 萬～ 1,000 萬為肩部達人，100 萬～ 500 萬為腰部達人，10 萬～ 100 萬為尾部達人。
4. 即來自第三方平台如搜索引擎、社群媒體等的流量。
5. 意指在特定媒體付費刊登或廣播，內容看似是新聞卻又不是新聞，像廣告卻又不是廣告的形象稿，或是企業透過各種型態所提供的贊助等活動。
6. 創新的行銷手法，著重的不止是滿足消費者購物需求，強調必須事前預測到消費者未來需要或想要甚麼，之後再將適合的商品準確送到適當的消費者面前。
7. 阿里巴巴旗下一款客製化行銷產品，透過阿里巴巴媒體方程式覆蓋了消費者日常衣食住行場景，同時連接手淘焦點，形成「認知→興趣→購買→忠誠」的消費模式，大量釋放用戶的客製化價值。

釐清行業屬性，
打造全方位行銷管道

從傳統零售發展到新興零售業，這其實是一個商業模式演進的過程：哪個零售模式及業態能夠促進企業發展效率更高、效益更大，便能在當今的商業競爭中勝出並壯大。

如今，DTC 正在促進新消費龍頭品牌推動全管道變革，為品牌帶來機會。由此可見，新消費品細分行業，正在經歷各自管道佈局的探索之旅。

「高頻、低決策」的門檻行業

由於「高頻、低決策」門檻行業的品牌電商滲透率有限，生鮮等零售關鍵管道仍以實體門市為主。2020 年生鮮零售市場規模逾 5 億元，而實體門市的關鍵管道佔比仍高達 85%，實現營業收入 4.3 億元，如（圖 5-6）所示。

之所以會出現這種情況，是因為生鮮網路關鍵管道的貨品儲存時間短且未受規範，加上配送物流成本及管道損耗率偏高，導致消費者更加願意親自到店仔細挑選，即買即得，藉以保證商品的新鮮度，如（圖 5-7）所示。

圖 5-6 2016 ～ 2020 年，生鮮零售管道分佈

生鮮零售規模（億元）　■生鮮實體門市零售規模　□生鮮網路平台零售規模

單位：人民幣
資料來源：艾媒諮詢，國元證券研究所。

從這個角度來看，生鮮零售業的競爭，其實是爭取用戶信任感的一場爭奪。

「盒馬鮮生」打造實體門市消費體驗，驅動網路下單的新零售業態出現，其本質就是透過強化用戶信任，刺激業績增長。實體通路門市主要關注的是體驗式行銷模式，讓消費者能在現場購買直接加工、既新鮮又健康的食材，滿足大眾直接挑選生鮮商品的需求，提升對「盒馬鮮生」環境和品質的好感度與信任。與此同時，「盒馬鮮生」網路關鍵管道佈局策略主要關注二方面：一是打開直接連接消費者的流量入口，有效擴增流量，形成品牌可直接連接用戶的流量池；二是找到高效率的流量組織方式，打造妥善連接感知、服務消費者的正向循環。

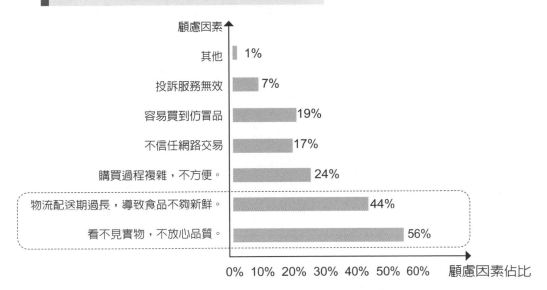

圖 5-7 消費者對生鮮電商的顧慮

顧慮因素

其他　1%

投訴服務無效　7%

容易買到仿冒品　19%

不信任網路交易　17%

購買過程複雜，不方便。　24%

物流配送期過長，導致食品不夠新鮮。　44%

看不見實物，不放心品質。　56%

顧慮因素佔比

資料來源：艾媒諮詢，國元證券研究所。

當用戶對該品牌的網路下單產生信任感，待二次複購時自然就會在更方便的網路關鍵管道再度消費。此時，品牌便可實現低成本引流，打造「實體門市體驗，驅動網路下單」的新零售業態。

「低頻、低決策」的門檻行業

對於「低頻、低決策」的門檻行業來說，實現銷量最大化的目標，主要取決於品牌能否有效連接每一位創始客戶？網路直營管道的價值就在於，可將貨品賣給那些實體通路無法覆蓋的地區。

NIKE 很早就開始發展直營管道業務，2011 ～ 2019 年間，品牌直營管道營收佔比從 15.8% 提升至 31.6%。NIKE 直營管道主要有：天貓旗艦店、官方微信小程式、企業官網、SNKRS App 和 NIKE App。NIKE 與「天貓」合作實現「讓每個消費者隨時網路」目標，制訂 NIKE 網路管道的消費者體驗標準。NIKE 天貓旗艦店銷售增長勢頭強勁，從 2016 年起一直名列「雙 11」運動戶外類目銷量第一名。

微信小程式作為 NIKE 在中國市場最大的社交平台入口，透過提供產品的購買管道，與 NIKE 直營門市共用庫存資料，讓消費者可即時查看庫存，方便試穿和購買，有效促成交易。

企業官網是 NIKE 的品牌官網，是 NIKE 全品類產品銷售的主戰場。而 NIKE App 作為企業官網的移動端版本，更重視會員體系的生態構建。除了購物功能，NIKE App 還對用戶提供一對一的會員服務，透過更個性化、客製化的內容推播，並且要求支付和社交功能以務必做到本土化。SNKRS App 是 NIKE 限量運動鞋的主要抽籤發售平台，主要滿足部分消費者對於潮鞋的需求。

透過這些直營管道，NIKE 將交易場景轉換到市場上的每一個角落，以此驅動品牌持續增長。網路直營管道可提供轉化機會，實體門市通路的優質體驗，更可幫助這個轉化，快速實現。

NIKE 在經營實體門市時，注重對多元化管道的直營管理，品牌會將部分直營門市打造成高度互動的沉浸式零售環境，實現網路與實體相互融合，深化與消費者之間的互動，建立更緊密的聯繫，提升客户黏著度，提高成交率。

2019 年，有五十家 NIKE 直營店開啓「網路訂單，實體門市發貨」的銷售模式，同時引進智慧物流系統，建設庫架一體化全自動資料庫，提升數位化採集和分析能力，進一步提升供應鏈能力和效率，滿足電商發展需求。同時，NIKE 削減零售商數量，將核心資源、有效行銷和高端產品，朝向優質零售合作商一方靠攏，目的是與零售合作商深入合作，既能高效管理品牌形象，還能透過自有管道進行銷售，獲取更高利潤，積累更多的消費行爲資料，與消費者建立直接關係。

流量在尙未轉化之前，並不具備實際價值。品牌要做的就是圍繞消費者體驗，持續經營。

「低頻、高決策」的門檻行業

消費者在考慮購買某些高單價商品時，通常會花費更長的時間做決定，先理性分析後再做理性判斷。隨著越來越多「低頻、高決策」門檻行業從實體走進網路，過去的低頻理性式消費，也開始逐漸過渡到高頻體驗式消費。在家飾裝潢，用戶在網路選購時，經常會面臨圖片與實物差距過

大，或是面對大量產品時易出現選擇困難等問題。年輕消費者對家飾品個性化的追求，也讓家居訂制的複雜程度變大，若僅透過網路溝通，實在很難讓消費者對品牌建立充分認知與信任。

家飾業表面上看是銷售家具，但其服務核心實是為消費者提供良好的居家環境。實體通路門市便可彌補網路關鍵管道的弊端，將業務融入生活場景，為消費者打造一站式家居體驗，吸引追求品質和購買力強的客群到店，透過店員講解及親身體驗，獲得完整的產品體驗，完成消費。優質的沉浸式場景體驗，或可將單純的添購家具轉化為高檔的體驗消費，提升品牌忠誠度。當然，關鍵問題是企業如何將消費者從網路引導到實體門市？

傳統家飾業非常依賴實體門市客流，「尚品宅配」新創一套網路引流系統，為實體通路門市集客的關鍵管道提供策略，實現公域引流、私域轉化，讓營收穩定增加。

從 2009 年起，「尚品宅配」佈局網路關鍵管道，進行全網網路引流佈局；2014 年，在微信私域生態重點佈局；2018 年，重點發力短影音賽道；2020 年，新居網 MCN 機構獨立，成立內容電商平台。同時搭配「數智融合」作為研發方向，將行銷、設計、生產、運送等環節數字化、資料儲存雲端化，進而形成資料連結系統。根據網路數據回饋，賦能實體門市關鍵管道的決策。

　　豐富的引流管道和強大的引流工具，幫助「尚品宅配」將用戶從網路上有效地引流到實體通路門市。當潛在客戶在各平台的帳號下留言諮詢後，便會接到品牌總部人工客服的電話，並被分配到地區客服人員的手中。之後，地區客服人員會再次致電潛在客戶，確認客戶新家裝潢時所關心的預算、格局規劃、家具設計需求等基本資訊，並將上述資訊回報給設計師。二天內，設計師會與潛在客戶聯繫，邀請對方擇日到門市討論 3D 設計方案，最終實現網路到實體通路的引流，完成體驗式消費。

　　相較於傳統管道，企業需要秉持「直接面對消費者」思維來完成 DTC 關鍵管道的佈局，整合原有售賣管道。透過借助企業數位化能力，挖掘各管道獨有價值。佈局 DTC 關鍵管道，不僅能爲企業帶來更多營收，還可提升消費者的體驗滿意度，降低企業的坪效損耗，找到並構建多元化、高效轉化的健康關鍵管道組合。短期來看，這既可獲得商品交易總額高增長，也能突破企業營收增長的瓶頸；長期來看，更可有效縮短品牌的成功週期。

　　當然，管道只是一個工具，能否與消費者建立聯繫，實現精準且有效的連結，這還得取決於品牌設計的行銷內容能否打動消費者，產生信任感。

　　有關這部分，我將在後續的篇章內容中，繼續深入探討。

Chapter 6

飽和內容：
透過「差異化內容」有效種草

幾乎所有美妝品牌在「小紅書」上獲取流量的關鍵，都是以用戶的「生活」作為切入點，透過真實的體驗來打動消費者。品牌與很多明星、KOL、KOC、素人合作密切，除了讓他們分享產品的使用體驗，強化消費者信心；另也讓專業人士發佈一些口紅、腮紅、眼影等產品的使用、搭配方法，教用戶如何畫出精緻妝容。

　　過去，很多年輕女性因為缺乏化妝經驗，總是畫出不適合自己的妝容。現在有了這個教學指導，大家就能避免踩雷，更快掌握化妝、護膚技巧。透過這種生活化的內容，品牌能與更多用戶成功建立直接聯繫，並將產品「種草」給他們。

喚醒用戶，提升品牌認同度

針對年輕消費者，很多品牌目前會使用內容種草作為行銷手段，簡而言之就是用已設計好的內容去搭載品牌和產品資訊，輸出給消費者，影響他們對品牌的認知並獲得好感，實現銷售目標。

相對於傳統的行銷廣告，種草內容往往與現代人生活、工作息息相關，若又能代表某種生活方式甚至人生觀，往往更容易引發關注。企業同時將特定內容與產品、服務結合，消費者能夠更快速、更準確地在龐雜的資訊中，輕鬆定位自己喜歡的品牌。在此一基礎上，企業與各領域的KOL、KOC合作發佈種草內容，借助對方在特定領域的專業度、權威感，快速打動消費者，提升轉換率。

當然，品牌的行銷內容必須有效連接消費者才能變成一股吸引力。為了最大限度地連接消費者，品牌一方面需要建立品牌種草的影響力方程式，用不同的種草發起者來連接不同圈層的消費者；另一方面還要構建多元化的內容方程式，形成多元品牌內容資產，有效種草，如（圖6-1）所示。

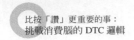
圖 6-1 差異化內容，實現有效種草的方法

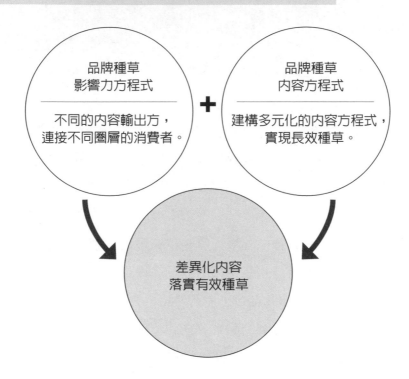

品牌種草
影響力方程式
———————
不同的內容輸出方，
連接不同圈層的消費者。

+

品牌種草
內容方程式
———————
建構多元化的內容方程式，
實現長效種草。

差異化內容
落實有效種草

搭建品牌種草的影響力道，深耕形象

「王飽飽」發展早期面臨的首要問題是，如何讓消費者接受新品的製作工藝。因此，它們決定選擇「小紅書」作為第一個合作平台，透過內容種草，將產品特點、使用方法傳遞給消費者，引進第一批精準用戶。

在品牌發展中期，成功獲得用戶的初步信任後，企業需進一步強化自

己的品牌形象，吸引更多人成為粉絲。在這個階段，除了繼續與「小紅書」合作，「王飽飽」也與「B站」攜手，透過代言人廣告花絮和烹飪課程，拉近品牌與用戶間的距離，透過錄製品牌創辦人和代言人對話的短影音內容，讓用戶們明白品牌初衷，然後再透過達人的開箱測評，建立更加實用、生活化的品牌形象。

當企業進行了一輪又一輪的品牌形象鋪墊後，「王飽飽」開始在「抖音」平台上大規模投放，並與頭部 KOL 合作，以簡單有趣的短影音來推廣品牌形象，同時使用電商平台轉化工具，大規模拉升銷量。

企業在不同的發展階段，對內容種草會有不同的需要，需要借助不同類型的 KOL 和 KOC 來支撐不同時期的內容投放。這些不同類型的內容創作者整合並引進這些內容，組成企業的品牌種草效能方程式。

品牌種草的效能方程式，包括四個部分：品牌官方訴求、透過專業人士生產內容、專業使用者生產內容、使用者生產內容，如（圖 6-2）所示。

品牌官方訴說

品牌官方訴說（Brand Generated Content，BGC）指的是品牌自行提供能為消費者瞭解產品、品牌等相關資訊的內容。企業通常會使用官方訴求來彰顯專業度，獲取信任。

圖 6-2 品牌種草的影響力道

品牌方
品牌官方訴求

與用戶進行產品與品牌間的的全方位溝通，迅速建立以產品帶品牌的知名度。私域深耕品牌形象，建立品牌信任。

品牌
人群拉新

專家方
透過專業人士生產內容

具有高流量基礎與天然影響力，製造「同款」產品效應，快速引爆。

場景
人群拉新

專家用戶方 KOC
專業使用者生產內容

中腰部垂直達人 + 當紅泛娛樂達人，站在消費者視角描述賣點及使用場景，專業級種草，建立深度信任。

相似品類
人群拉新

素人鋪量
使用者生產內容

借助用戶的廣泛參與，營造網紅效應，帶動增量消費者的購買行為，實現規模化滲透與轉化。

跨圈層
人群拉新

2021 年十周年活動期間，「江小白」在「微博」、「抖音」等平台上連續發佈 100 個「鄭重聲明」海報，成功奪下「微博」熱搜榜冠軍。每個聲明都包含一些有趣訊息，有對產品質疑的回應：「有網友說，狗都不喝『江小白』。我們同意，狗確實不能喝酒，貓也是。」也有對員工的調侃：「產品部褚越畢業於西北農林科技大學葡萄酒專業，選擇留在『江小白』工作，因為『瀘州老窖』沒要他。」這些看似詼諧的調侃，實則是在宣傳自己的品牌和產品。面對這 100 個聲明，網友們按讚也好、吐槽也罷，「江小白」都成功地收穫了熱度。

透過專業人士，生產內容

專業人士生產內容（Professionally Generated Content，PGC）是指擁有專業知識、資質，具備創作力或擁有一定權威度的輿論領袖，例如明星、網紅、名人發佈的內容。相較於使用者生產內容，PGC 更專業，發佈內容可信度更高，更容易成功種草用戶。

在重點體現產品功能性、品質等方面的內容上，品牌常會尋找具備創作能力，且在相關特定領域中擁有專業權威、群眾認可度的專業人士進行客觀測評背書。例如透過科學實驗分析、三方客觀檢測、將產品性能、功效、品質等訊信息透過視覺來直接傳遞給目標客層，進行種草，以結合理性與感性的方式打動消費者，引導對方買單。

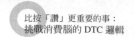

透過專業用戶，生產內容

專業用戶生產內容（Professional User Generated Content，PUGC）意指將「UGC[1]+PGC[2]」相結合的內容生產模式。PUGC 既具備 UGC 的互動彈性，也擁有 PGC 的專業性，不僅能全面地連接用戶，更可精準吸引、沉澱用戶，建立深度信任。

2020 年受到新冠肺炎疫情的影響，「宅家運動」的需求猛增，很多健身、運動類內容創作者加入了「Keep」平台，開始發佈 PUGC，這些內容創作者包括運動圈「頂流」、熱愛運動的達人、從其他領域跨界而來的素人、粉絲過百萬的網紅等。

平台用戶不僅可在平台上分享自己的經驗，還能與自己的好友進行社交互動。「Keep」依靠這些專業的內容創作者，成功打造大量的優質內容，持續吸引新用戶註冊成為會員。同時，平台的社交屬性也讓運動健身具備更豐富的意義，加強用戶黏著度。

得益於這些專業或業餘的達人、部落客，2021 年，「Keep」平均月度訂閱會員數，由 2020 年的 190 萬增長至 330 萬，會員滲透率由 6.4% 增加至 9.5%。2021 年前三季度，「Keep」會員及線上付費內容收入達到 3.8 億元，較 2020 年的 2.49 億元，同比增長了 52.6%。

透過會員，生產內容

使用者生產內容（User Generated Content，UGC）通常有兩種，一是用戶原創，主動分享，可以影響用戶身邊的熟人和朋友，直接促成轉化；二是品牌與用戶共創，借助 KOC 的廣泛參與，營造網紅效應，提升品牌影響力。

五菱宏光在推廣 MINIEV 車型時，考慮到目標客群是女性，因此以逾七成用戶是女性的「小紅書」作為主要種草陣地。在實際的行銷過程中，五菱一方面搭建「裝出腔調」內容陣地，與時尚、設計領域的 KOC 合作，發佈很多改裝設計方案，在吸引一般車主加入討論，並在發表自己改裝經驗的同時，也改變了大眾對品牌和產品的固有認知。活動期間，五菱站內熱搜暴漲 600 倍，超越「小紅書」平台上其他傳統外資品牌登頂，並在往後三個月穩居站內汽車熱搜榜首位置。

之後，五菱又和「小紅書」發佈聯名款車型，籌備「裝出腔調」百位車主潮車展，引發第二輪話題熱議，吸引使用者回流並繼續參與話題討論。活動吸引超過 2,500 人參與，用戶分享超過 2,500 款不同的改裝車，透過優質內容積累所帶來的長尾效應，成功提升品牌影響力。

據統計，活動結束後三個月內，品牌官方號漲粉便超過 3 萬人次。

　　在實際應用中，我們必須綜合運用這些不同類型的內容，針對不同類型的用戶，實現有效傳播，提升種草效率與效果。不管是品牌自行輸出內容，還是與專業流量達人、專業用戶、普通用戶等不同類型的人群合作，都是爲了盡可能地連接不同圈層的用戶，實現廣泛種草。

圖 6-3 品牌種草的內容方程式

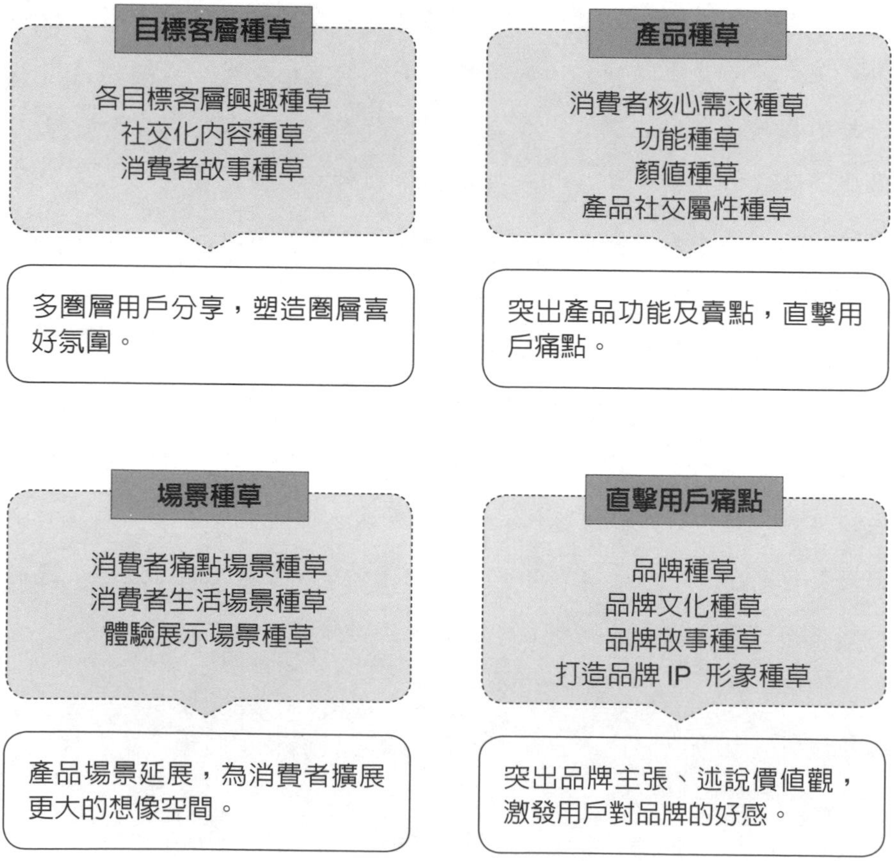

目標客層種草

各目標客層興趣種草
社交化內容種草
消費者故事種草

多圈層用戶分享，塑造圈層喜好氛圍。

產品種草

消費者核心需求種草
功能種草
顏值種草
產品社交屬性種草

突出產品功能及賣點，直擊用戶痛點。

場景種草

消費者痛點場景種草
消費者生活場景種草
體驗展示場景種草

產品場景延展，為消費者擴展更大的想像空間。

直擊用戶痛點

品牌種草
品牌文化種草
品牌故事種草
打造品牌 IP 形象種草

突出品牌主張、述說價值觀，激發用戶對品牌的好感。

設計品牌種草內容，實現長效種草

對品牌來說，消費者不會只有一種型態，單一的內容形式無法有效吸引不同類型的用戶。只有採用多樣化的種草內容去組建效能方程式，才能與不同類型的用戶建立有效聯繫，如（圖 6-3）所示。

品牌種草

每個品牌都有自己獨特的氣質，這份特質可以體現在許多面向上，例如創意內容、品牌影片、品牌宣言等，這些都是品牌展現特質的載體之一。品牌種草其實就是透過特質輸出內容，影響更多用戶，獲取更多認同。品牌種草在形式上並無太多限制，可以是品牌文化種草、品牌故事種草、打造品牌 IP、形象種草，重點是突顯品牌主張，宣導品牌價值觀，激發用戶對品牌的好感。

在實際經營中，「永璞」透過不斷塑造 IP 形象，讓「石端正」吉祥物人格化，在多維度場景下，借 IP 之口傳達品牌價值觀，與消費者建立信任關係，實現品牌溢價。

尤其是在品牌能與消費者直接對話的社群場景下，品牌會借助「石端正」的形象與消費者直接交流，調動消費者互動的積極性，透過內容、視覺、產品、活動等形成統一的價值觀表達，加強消費者對品牌的喜愛和黏著度。

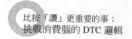

產品種草

相對於品牌種草，產品種草更需要專業內容，企業透過技術科普、產品評測、成分比對、使用攻略等具備專業與深度的內容，突顯產品功能及賣點，既消除用戶們的顧慮，也能提升大眾對品牌的信任度。

場景種草

在推廣過程中，企業可以針對產品的核心功能來設計場景，針對不同的場景，設計不同的內容，讓習慣在不同場景下使用產品的用戶，都能感受到產品的價值，進而實現種草。場景化的種草內容，需要準確連接消費者生活，直擊消費者痛點，以更生動的方式展現品牌調性和產品要素，透過視覺化的內容呈現，強化消費者的體驗感受。

很多飲料品牌為了深化用戶認知，所以在行銷活動中設計很多場景化的內容，例如將飲料產品植入日常生活中，這就是目前的主流手法，像是宅在家、追劇、聚會、減肥、上班、會議等場景下都可以來上一瓶。透過這種與場景相結合的內容，品牌得以有效強化用戶對品牌的認知。

目標客層種草

Gen Z 的次文化（Subculture）不僅豐富，概念更是層出不窮。我們所

熟知的「二次元」、「國風國潮」、「遊戲電競」等，其實都算是已突圍成功的觀念，而那些尚未成型的新觀念，亦在隨時變化與融合中。

在這些興趣圈層背後，其實隱藏著不容小覷的消費力和傳播力。所以，品牌可借助興趣的支點，打開進入某個圈層的通道，實現對目標客層的種草。種草是為了讓目標客群感受到產品和品牌的價值，所以很多品牌在設計種草內容時，都會選擇與目標客層共創，利用他們深諳自己所在圈層的需求，借重其影響力，提升種草效果。

之前某餐後甜酒品牌就和街頭文化圈內的很多知名人士，圍繞以刺青、塗鴉、滑板為主題的次文化，合作推出一場行銷活動。品牌方邀請很多目標客群參與活動，並請專業人士拍攝紀錄片，用真實的故事和態度，展現和目標客群認知匹配的品牌態度，實現對特定目標用戶群的有效種草。

四種不同的內容，代表著四種不同的種草內容範圍。在建構種草內容效能方程式時，品牌要根據自己的行銷需求去進行整合，同時還要注意內容的差異性，才可最大限度地提升內容的種草效果。

---

1. UGC（User-Generated Content）一般稱為用戶生產內容，意指企業放在官網或其他社交媒體平台上，包含品牌與產品的相關內容，企業完全沒有參與，全由用戶貢獻生成。
2. PGC（Professionally-generated Content）一般稱為專業生產內容。透過在某些領域具備專業知識的人士或專家，發揮其在特定領域裡的影響力和知名度，產出具備專業、深度、垂直化等特點的內容，例如醫生網紅就屬於 PGC。

佈局社交媒體方程式，
全方位塑造品牌形象

在行銷過程中，品牌必須整合不同的社交媒體功能，例如有些媒體負責強化品牌認知，有些媒體側重內容種草，有些媒體引導作出下單決策。缺少任何一個關鍵媒體，企業的消費轉化鏈路都有可能被打斷。反之，如果企業可以全面佈局所有關鍵社交媒體，則能增強內容的傳播效果，將品牌影響力擴散到不同圈層裡。

將社交媒體，融入品牌行銷主力

品牌行銷通常分為前導連結和後防連結：前導連結主要是指，透過消息曝光、內容種草、支援決策等模式來影響用戶，屬於「品牌認知」這個環節，後防連結則是指消費佈局社交媒體方程式、全方位塑造品牌形象者的購買轉化等，屬於「發生具體行為」的環節。

社交媒體，協助前導連結「種草」

高品質的問答，是「知乎」平台上最常見的內容，而平台對用戶的影響，也是源於其針對泛生活需求的解答和幫助而來。所以在針對「知乎」

使用者設計種草內容時，企業應從用戶的生活場景中切入，透過提供更多、更有效的生活方案，吸引用戶關注；而企業針對「小紅書」的用戶設計種草內容時，則更需深入研究用戶感興趣的品類有哪些？進而使用感受、效果對比等，幫助用戶鎖定消費範圍。

在行銷的前導連結，社交媒體主要是透過場景化的內容，引導品牌與消費者互動，有效實現種草。為了提升種草效果，品牌首先要驅動用戶主動參與互動和討論，增強互動氛圍，為消費者帶來更強的信任度和更深的體驗感；然後，要深入細分領域完善內容，增加泛知識、科普類等專業實用內容的佔比，強化消費者對品牌的信心；最後在持續輸出的過程中，注重內容選題和後續的優化經營，及時根據產品、服務的反覆運算來更新內容，匹配消費者的更高要求。

社交媒體，協助後防連結「拔草」

若說行銷的前導連結是種草，那麼後防連結就是「拔草」，即促成成交、實現銷售轉化。進入新零售時代，在哪個平台拔草，就意味著消費者成了哪個平台的用戶。消費品企業想讓消費者持續複購，獲取源源不斷的收入，就必須深入各個平台，與消費者建立「強連結」關係。從平台的角度看，社交媒體的消費轉化主要分為三種形式：

一是站外直接跳轉。平台提供豐富的內容互動外掛程式，引導站內種

草轉化到站外電商、私域。這樣的平台後防連結開放性高，過程清晰，可有效減少跳轉流失。

二是站內電商閉環。一般來說，社交媒體擁有自建電商平台，用戶可在站內完成種草到拔草的控管系統。自建商城轉化連結同樣有效，且監測資料的範圍通常更全面。

三是站外間接轉化。社交媒體透過影響消費者對品牌的認可度，帶來後續的間接銷售轉化。在實際經營中，站外間接轉化較少，主要是用戶透過分享擴散，為品牌引進更多新客戶。

什麼樣的媒體適合行銷後防連結的銷售轉化環節？其實無論形式為何，從消費者體驗的角度來看，只要是簡短、順暢的跳轉連結，能夠帶來高效轉化的平台，通通都是首選。

辨識主流社交媒體特徵 VS. 機制

面對千人千面的消費者，品牌需佈局自己的社交媒體方程式，全面連接不同習慣、喜好的消費者。根據我們對各社交媒體的深入研究，包括過去為企業提供諮詢服務的實踐經驗，品牌可根據自己的行銷需要，在「小紅書」、「抖音」、「微博」、「快手」、「微信」、「B 站」、「知乎」等當下主要的社交媒體上選擇關鍵媒體，組成自己的社交媒體方程式。品

牌還要打通關鍵媒體，透過飽和投放，實現潛在客戶的全方位連接與種草。

當然，各社交媒體都有自己的內容分發機制，品牌在不同媒體上投放內容時，必須有計畫地制訂策略，如（圖 6-4）所示。在所有社交媒體中，「小紅書」、「抖音」和「微博」是內容傳播屬性相對更強、內容行銷效果相對突出的三個平台。在接下來的內容中，我們會重點圍繞這三個平台進行內容行銷方法的講解。

小紅書—年輕女性的強種草場

作為強而有力的種草平台，「小紅書」擁有 2 億的月活躍用戶數（Monthly active users；MAU）[1]，其中年輕女性用戶更佔大多數。很多人在購買商品前，會先到「小紅書」上搜索相關筆記，幫助自己做出正確選擇。同時，「小紅書」還聚集到在各圈層內具有一定聲量的 KOL 和 KOC，透過他們的影響力，讓品牌有效連接目標客群，如（圖 6-5）所示。總之，「小紅書」的強種草屬性，非常適合承載品牌的行銷內容。

在具體行銷工作中，品牌如何在「小紅書」上投放內容？「知家」從過去為企業提供服務的經驗中，總結了一套系統的方法論。

圖 6-4 不同社交媒體的經營策略

	平台價值／商業角色	平台策略
微信	官方發聲陣地，大私域生態陣地。	品牌私域主戰場，經營客戶終生價值。
微博	社會化行銷，傳播陣地。	借助話題、圈層等，實現行銷短期破圈和引爆，擴大品牌影響力，培養品牌鐵粉。
抖音	興趣電商，實現「品牌—互動—轉「抖音」化—經營」全鏈路。	大幅攔截品牌流量，以內容為王；高效轉化流量，沉澱自有流量池，促進加買、複購的轉化增長。
快手	以「極致信任」為核心，塑造具備用「快手」用戶黏著度的官方電商全鏈路。	連接流量＋品牌人設內容，強化好感度；持續溝通粉絲沉澱＋後防連結轉化，挖掘粉絲價值，推動業績持續增長。
小紅書	透過品牌與消費者共創生活方式，影響消費者產品認知，協助消費者下購買決策。	創造好物分享、社區氛圍，實現新品種草、引爆單品
B 站	打造品牌年輕化內容行銷陣地，影響年輕消費者。	挖掘事件、產品新玩法，實現品牌破圈。
知乎	搭建專業可靠的內容平台，幫助品牌與消費者建立長期的信任關係。	熱門話題、知識行銷、主題經營活動、挑戰賽等。

1. 瞭解平台的內容分發機制：對品牌來說，在「小紅書」上投放內容，關鍵就是創造話題文字，即互動（按讚數、收藏量、評論則數）大於 1,000 的筆記。待成功營造話題後，品牌的行銷內容便可獲得更多流量，連接更

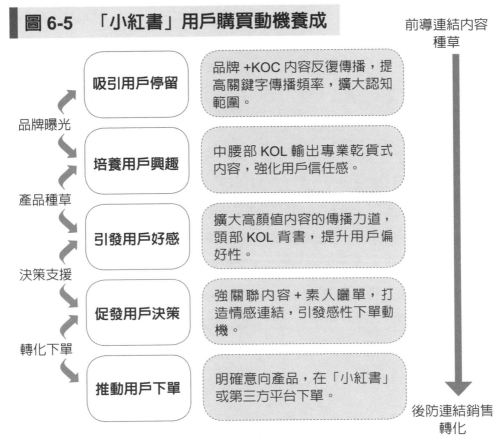

圖 6-5　「小紅書」用戶購買動機養成

前導連結內容
種草

| | 吸引用戶停留 | 品牌 +KOC 內容反復傳播，提高關鍵字傳播頻率，擴大認知範圍。 |

品牌曝光

| 培養用戶興趣 | 中腰部 KOL 輸出專業乾貨式內容，強化用戶信任感。 |

產品種草

| 引發用戶好感 | 擴大高顏值內容的傳播力道，頭部 KOL 背書，提升用戶偏好性。 |

決策支援

| 促發用戶決策 | 強關聯內容 + 素人曬單，打造情感連結，引發感性下單動機。 |

轉化下單

| 推動用戶下單 | 明確意向產品，在「小紅書」或第三方平台下單。 |

後防連結銷售
轉化

多用戶，提升影響力，創造長尾效應。品牌要想創造話題文字，首先要瞭解「小紅書」分發內容的邏輯，找到提升互動量的方式。

　　「小紅書」分發內容主要分為兩個面向：搜尋網頁面和發現頁面。在「搜尋網頁」上，平台按照排列順序來分配流量。與客戶搜索關鍵字匹配度越高的內容，在頁面上的排名就越往前，越容易吸引用戶點擊。而高點擊率就是高互動量的基礎。

「發現頁面」主要是透過演算法推薦。筆記發佈後，系統會根據過往數據，為筆記「打分數」，並根據預估結果，分配相對應的流量。然後，平台會根據筆記的內容標籤，將其投放給相應的用戶群體，進一步收集互動資料。當筆記的互動量超過 1,000 筆時，平台就會將其認定為話題文字，進一步推送到更大的流量池。從這個角度來看，品牌想營造話題，一方面標籤要足夠明確，能夠直達有相應需求的用戶群體；另一方面內容品質要高，確保品牌帳號發佈的筆記，可以持續獲得高互動量。

2. 透過資料分析，找到種草關鍵字：一個有效的紅利關鍵字，可讓筆記被更多人看見，吸引更多人圍繞主題展開討論，增加互動量。紅利關鍵字的選擇類似於搜索引擎內的 SEO（Search Engine Optimization）[2]，品牌要梳理產品賣點，將其轉化為「小紅書」的關鍵字。實際上，為了確保產品擁有紅利關鍵字，品牌在選擇品項時就要徹底把關。而同質化競爭程度低、相關筆記數量較少的產品，通常就是最佳選擇。

另一方面，品牌要透過大數據分析，從產品的關鍵字中找到當前熱度最高、筆記量最少的幾個。

在皮膚護理產品方面，「隔離修復」的搜索熱度高，平台上的筆記數量也較，具備足夠的紅利，最適合作為產品的關鍵字；相反地，「抗老」的搜索熱度不高，但相關的筆記數量卻很多，這就不適合作為產品的關鍵字。在具體的分析工作中，有經驗的品牌可直接拆解平台上的話題文字，

深入分析其獲得高互動量的原因，並將分析得到的關鍵應用到自己的筆記中。對於缺少經驗的品牌，簡單分析平台上有哪些和自身產品相關的關鍵字，然後將自身的產品融入話題，借助後者的熱度，提升筆記的互動量。

網紅早餐在「小紅書」上的討論度非常高，一些食品品牌可將自己的產品植入相關美食的製作教程（美食烹飪類筆記），進而獲取良好的互動和宣傳效果。

3. 借助 KOL 的影響力，有效種草：現在的消費者對於品牌發佈的行銷內容通常興趣缺缺。品牌需借助平台上 KOL 和 KOC 的影響力，提升品牌在消費者心中的認同感和好感度。而在「小紅書」上的 KOL 和 KOC，具備打造話題的能力，超過 75% 的高互動及爆款筆記，由腿部和腰部[3]達人貢獻。「小紅書」對於這些有一定聲量的 KOL，也會給予流量扶持。

至於如何選擇合適的 KOL 和 KOC，品牌可從以下五個方面入手：第一，分析 KOL 和 KOC 的粉絲群體，判斷是否與自身用戶群體相匹配；第二，根據 KOL 和 KOC 的粉絲變化趨勢，判斷其粉絲忠誠度；第三，根據 KOL 和 KOC 過往發佈內容的話題文字佔比，明確其內容品質；第四，分析 KOL 和 KOC 發佈內容的形式是否多樣化；第五，橫向對比，判斷KOL 和 KOC 性價比。

4. 多種類型內容組合，強化種草效應：在打造具體內容方面，品牌不

能讓 KOL 和 KOC 自由發揮，而是要和他們共創。品牌需要借助不同類型的 KOL 和 KOC，連接不同圈層的使用者，將核心價值型內容（產品賣點）、使用者期待型內容（額外驚喜）、發散提升型內容（有趣形式）結合在一起，提升用戶關注度。從過去經驗看，高效的內容組合應是將 50% 的核心價值型內容，30% 的使用者期待型內容，以及 20% 的發散提升型內容整合在一起，如（圖 6-6）所示。在實際工作中，企業往往先透過核心價值型內容打開局面，然後借助使用者期待型內容提升效果，最後再加入發散提升型內容強化認知。

圖 6-6 多種類型內容組合強化種草效應

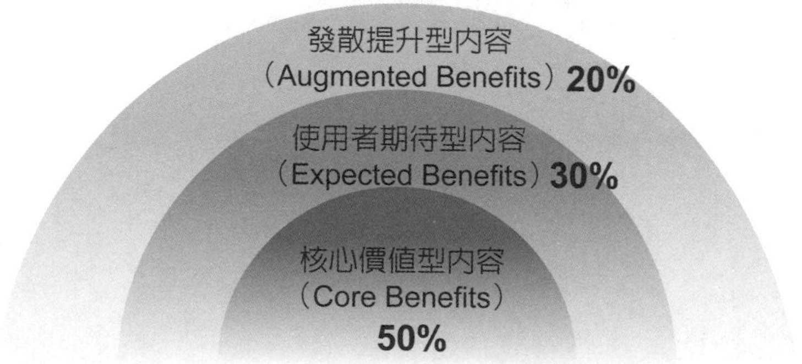

發散提升型內容
（Augmented Benefits）**20%**

使用者期待型內容
（Expected Benefits）**30%**

核心價值型內容
（Core Benefits）
50%

「完美日記」最早在「小紅書」上發佈的，主要是宣傳產品賣點的核心價值型的內容，透過彩妝師、達人的使用心得來闡述產品特性。雖然是強關聯內容，但相較於單純講述產品賣點的內容，種草性相對隱蔽，消費者往往更容易接受。

　　隨著幾款熱門商品持續熱銷，為了加強品牌認知，品牌從一些具體的美妝場景切入宣傳內容中，增加用戶期待的內容，提升種草效果。例如在推廣多色眼影時，達人會透過類似「新手實用：完美日記 17 盤眼影畫法集合！！」這樣的筆記，教大家十多種不同的組合用法。

　　用戶在掌握搭配技巧的同時，也對產品產生興趣。待品牌提升影響力，便在種草內容裡開始加入「小劇場劇情內容」等娛樂性文字，突顯品牌調性和塑造品牌形象。比起直接種草，小劇場內容更傾向於強化用戶的品牌認知，同時激發討論度，維持品牌熱度。例如視頻筆記「這難道就是傳說中的『偷心狐妖』嗎？」就是透過圖文並茂的 po 文，充分展現產品配色組合的豐富和美感度，順勢塑造了品牌的審美風格。

　　5. 加強互動，打造長尾效應：種草的目的就是拔草，品牌在不斷強化使用者信任品牌和產品之際，也要與使用者持續互動，加強內容沉澱，拉動二次分享，推動電商平台傳播活動，將其轉化為實際的營業額。

　　總結「小紅書」的內容行銷，主要包括以下四個步驟：第一步，確定問題並找到內容種草的機會點；第二步，確定投放內容的策略，選定關鍵字，明確設計方向；第三步，逐層破圈，內容種草；第四步，與用戶積極互動，促使消費轉化，創造內容的長尾效應。

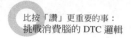

抖音─綜合視頻行銷生態平台

作為一種全新的內容呈現方式，短影音已成為很多新消費品牌在操作行銷時的重要選擇，「抖音」也因此成為時下最重要的行銷平台之一。由於短影音在傳遞資訊、展現使用場景、傳播效率上佔盡優勢，因此具備動態美、互動性高的產品，往往更適合在「抖音」做行銷推廣。

雖然「抖音」平台適合種草，但對很多品牌來說，合理規劃短影音內容卻是一複雜課題，也是很多企業找上「知家」幫忙實踐行銷落地的原因。在服務企業的同時，「知家」也總結了在「抖音」平台上進行內容行銷的脈絡。

1.明確「抖音」的流量分發機制。只有瞭解社交媒體的流量分發規則，才能事半功倍地創造有價值的內容。在設計種草內容前，品牌首先要明確「抖音」的流量分發機制。

「抖音」採用的是「演算法推薦」機制。使用者上傳一條短影音，系統首先會判斷它是否違規？若無，「抖音」就會將這條短影音上傳到種子流量池，也就是分發給當時在線的 200 位用戶。然後，記錄這 200 位使用者的閱讀行為，例如有多少人會看完？有多少人評論、按讚、分享？有多少人點到主頁關注這個 IP？……上述等等。如果計算出來的數值超過了下一個流量池的臨界點，那麼這條短影音就會進入更大的流量池。隨後，

平台會根據這個流量池用戶的閱讀紀錄，決定是否要進一步推薦相關內容？這樣層層推進，就能完成整個內容的流轉。換句話說，從初始流量池開始，一條短影音若能夠擁有較高的互動資料，就會被不斷投放到更大的流量池中，連接更多用戶。

同時，為了更精準地推薦內容，「抖音」會對內容和用戶進行更細緻的識別，每則短影音的標籤是美食、汽車、寵物，還是旅行、學習？用戶在何種類型的短影音上停留較長時間？會給什麼樣的內容按讚、評論或分享？上述種種都需要進行匹配、分析。

2. 選擇合適的 KOL 和 KOC。「抖音」的流量分發機制取決於內容的優質程度，這註定了品牌能否成功突圍。所以品牌要想自主完成內容行銷，除了細細推敲行銷內容，其實並無太多捷徑可走。品牌若想與平台上的 KOL 合作，那麼透過共創形式輸出行銷內容，應該可以產生事半功倍的效果。而品牌選擇合適的 KOL 和 KOC，可從以下四方面入手。

・內容張力：根據達人發佈內容的互動數、完播率、關鍵字等資料，判斷達人在短影音內容上的創作力。

・內容變現力：根據達人近期帶貨內容的評論率、按讚數、購物車點擊率以及實際轉化情況，判斷帶貨能力是否夠強。

・內容價格力：判斷達人的每千次廣告曝光的成本（Cost Perthousandi Mpressions，CPM），在確保行銷效果的同時，選擇性價比最高的達人。

．內容潛力：品牌可根據達人的漲粉指數／漲粉數、活躍度指數，以及現有粉絲群體中，消費中堅力量的佔比（即 24 ～ 30 歲這個年齡層的人數佔比），分析達人的粉絲價值。

3.站在使用者的角度，合理設計內容。優質內容是被設計出來的，尤其是能夠打動用戶的行銷內容，更應站在用戶角度去規劃。透過拆解一些優質行銷內容，我們發現品牌會分成以下四步驟去設計內容。

．視頻開始時，切入目標客層感興趣的話題，留住潛在客戶的同時，也能有效勸退非精準客戶。

．視頻進入前期鋪墊環節，品牌可借助 KOL 的背書來強化信任感，完成有效傳播和內容種草。

．視頻進入正題，品牌需透過演練或展示來傳達賣點，直擊用戶痛點。

．視頻尾聲，品牌可透過會員福利或優惠活動的促銷號召，轉化消費。

當然，當某一類內容吸粉到一定程度後，效率就會遞減。品牌在設計內容時，為了最大限度地種草使用者，需要用多樣化的形式去展示內容。同時，品牌還要不斷反覆運算內容，確保流量的持續性。

4.制訂短影音經營策略。確定內容形式後，品牌還要制訂短影音的經營策略。「抖音」帳號後台提供很多具體指標，而這些指標可以成為經營者觀察數據的工具，如（表 6-1）所示。透過對這些資料的分析，品牌可以找到內容出現甚麼問題，然後針對性地解決缺失，優化整個環節。

表 6-1 「抖音」後台經營的資料指標

指標	計算方法	標準	結果
點讚率	點讚數／播放量	3%	低於 3%，內容不夠有趣或有用。
轉發率	轉發量／播放量	0.3%	低於 0.3%，缺少價值，或不夠新奇。
評論率	評論量／播放量	0.4%	低於 0.4%，缺少共鳴。
粉讚比	粉絲數／點讚量	1：6	低於 1：6，沒有鮮明特點，缺乏關注動機。
5 秒完播率	觀看完 5 秒的人數／點擊觀看人數	30%	低於 30%，內容持續觀看動力不足，內容結構有問題。
完播率	觀看完成視頻人數／點擊觀看人數	20%	低於 20%，內容持續觀看動力不足，內容結構有問題。

5. 滾動式投放內容。 再優質的內容，也只有投放到使用者端，才能產生種草效應。所以，待確定內容形式、制訂經營策略後，品牌就要思考如何投放內容。而在「抖音」上進行滾動式投放內容，就是最好的選擇。

所謂滾動式投放，其實是一種風險控管策略，將具體的投放工作分兩輪進行，待試點後，以梯次投放的形式來避免一次性投放失敗後可能帶來的巨額損失。在實際工作中，首輪投放的目的是收集資料。品牌可選擇 3 ～ 5 個與產品特徵吻合的 KOL 合作，根據投放結果，判斷這種投放形式是否有效。

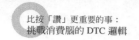

確定有效後，品牌就可以進入第二輪追投，可在之前表現良好的 KOL 身上，少量多次地放大投入比重。待第二輪投入結束後，品牌可再次總結效果，繼續挑選效果最好的 KOL 再做追投。

微博－品牌聲量、熱量提升的天然平台

作為早在入口網站時代（Web Portal）便已存在的社交媒體，「微博」直到今天仍在娛樂、時尚類內容中具有較高的粉絲貢獻度和 KOL 佔比。目前，泛娛樂內容依然是「微博」上的最重要內容類別，情感、美食、旅行、母嬰等生活內容緊隨其後，持續追趕。相較其他平台，「微博」粉絲分布與年齡分佈，整體來看則更顯平均。

對品牌而言，「微博」是提升品牌聲量、討論熱度的天然平台。做不做「微博」行銷早已不是品牌專注的議題，如何做得更好才是它們關心的。而「微博」作為社交媒體，除了引爆熱點，還具備長時間記憶的能力。即使發生在很早之前的事件，也能在「微博」上找到蛛絲馬跡……。換言之，投放內容可在「微博」上充分展現長尾效應。

比起「小紅書」，「抖音」上的內容種草、「微博」上的內容行銷，更傾向於透過口碑傳播及內容擴散，打造縱向滲透力，將平台的公域流量逐步轉化為品牌的私域流量。

在實際工作中，品牌在「微博」上的內容行銷，可以分爲三個主要領域：其一，明星內容：借助明星、頭部 KOL 和 KOC 在微博上的粉絲號召力，實現爲品牌背書、產品種草和聲量破圈 [4]；其二，情感內容：品牌尋找「話題點」，提供談資、熱點或情緒價值，吸引用戶關注；其三，話題內容：將行銷內容融入熱門話題，借助話題的熱度，對用戶進行商品的資訊傳播。品牌在「微博」上的行銷邏輯其實很明確，關鍵在於如何設計不同類型的內容。

1. 明星內容行銷。目前，「微博」已形成了一個多圈層、從明星到草根部落客的立體傳播結構。在事件發生時，大多數頭部 [5]KOL 和明星能爲相關話題帶來最大聲量。在此基礎上，行業媒體、行業 IP 及多數大 V 會員和多圈層 KOL 的參與，爲話題帶來大量點擊，引發更多人搜索相關話題，創造真實的熱度。品牌在「微博」上進行內容行銷的過程中，只有各圈層的共同參與才能帶來破圈效果，創造更多的商業可能。

在明星內容行銷方面，品牌在選擇與當紅明星合作時，需要關注兩個重點：一是其粉絲與目標客層的高重疊率；二是在「微博」上是否有較高的用戶認可度。在實際合作中，借勢明星熱度也要看技巧，目前品牌最常用的方法有兩種：一是使用明星宣傳照或明星手持商品的宣傳海報，進行直接傳播；二是找出與產品相關的宣傳點，要求明星配合宣傳活動，例如明星訂製限量禮盒、轉發抽獎送簽名照等。

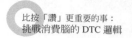
當然，品牌要想真正獲得用戶的點擊和搜索，實現破圈傳播，僅靠明星發聲還不夠，行業媒體、行業 IP 的參與更不可少。

2. 情感內容行銷。當下年輕用戶更偏好真實、貼近生活、能夠產生共鳴的內容，所以在「微博」上做行銷推廣時，記得要尋找話題點，提供談資、熱點或情緒價值。

參加紐約時裝週後，李寧與「微博」合作打造國潮化行銷，從傳統文化、新國潮、新態度等角度全方位引爆，實現了品牌聲量與銷量的快速提高。

麥片品牌「王飽飽」在「微博」上發起「早安投遞計畫」，用戶可參與活動，為自己關心的人送上一份早餐。透過這個溫馨的活動，向用戶傳遞推廣一種「好好吃早餐」的生活態度，也讓更多用戶對品牌心生好感。

3. 話題內容行銷。「微博」幾乎是目前所有熱門話題的發酵地和引爆平台，具有新聞實事性、訊息海量性等特質。每當出現一些熱點話題時，人們的第一反應往往都是到「微博熱搜」上去查看相關資訊。從某種程度上講，可將「微博熱搜」視為每日熱點話題的領跑者，而這些熱點話題也是品牌行銷借勢的好物件。

借助「微博」熱點話題操作行銷，品牌需時刻注意是否有用戶利用素

材進行二次傳播，以及用戶評價的方向。這樣做一方面是為了判斷話題熱度能為品牌帶來多少好處；另一方面是為了及時防禦用戶評論走偏，避免抹黑品牌形象。甚至，部分超級使用者的觀點與回饋，有可能在未來產品規劃上，為品牌提供靈感與方向。

飽和投放：用戶在哪裡，傳播就在哪裡

國產護膚品牌 HFP 投放內容時，首先利用微信號精準投放目標消費者，以小程式刺激增強用戶忠誠度，完成入圈；然後透過「小紅書」、「抖音」進行深度評測，深化產品優勢；之後運用「微博」、「抖音」、「小紅書」、「B 站」進行社媒方程式組合，傳播代言人和跨界聯名禮盒，實現破圈；緊接著加碼「抖音」品牌直播與短影音帶貨，進行流量轉化；最後，利用微信小程式打造私域陣地，讓用戶成為品牌真正的粉絲，提高黏著度。

只有飽和投放，才能有效實現從內容種草到成交的行銷過程。假設消費者想要購買某種產品，為了瞭解選擇該產品應關注的重點內容，他們往往會先到「知乎」、「百度知道」等平台上搜索相關訊息。在瞭解符合自身需求的幾個品牌後，有時還會再到「小紅書」等平台上，找尋相關品牌的網路評論和體驗，深入瞭解後才做決定。

經過完整的比較後，消費者確認自己想要的品牌及產品，最後才會到「天貓」、「淘寶」等電商平台上購買。在整個決策、購買過程中，如果

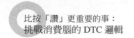

品牌在關鍵平台上無法貫徹傳播品牌內容，飽和投放，那麼便有可能打斷整條交易鏈，導致銷售失敗。

當然，投放飽和內容的關鍵是，在各大社交媒體進行穿透式傳播佈局，要與平台上不同類型的 KOL、KOC 合作，深入不同圈層，有效連接用戶。

「小仙燉」在「小紅書」上的種草，主要圍繞產品功效與賣點的關鍵字而來，與此同時，與「小仙燉」合作的 KOL 也逐漸增多。根據「千瓜資料」[6]的搜索結果，2021 年 1～10 月，「小仙燉」的筆記篇數高達 2,202 篇，其中粉絲量 100 萬以上的筆記有 2 篇、粉絲量 20 萬～ 100 萬的筆記有 31 篇、粉絲量 1 萬～ 20 萬的筆記有 375 篇、粉絲量 1000 ～ 1 萬的筆記有 13 篇。借助不同類型的 KOL，「小仙燉」的種草內容逐漸深入不同圈層、客群，形成了滲透式種草打法。

「橘朵」在「小紅書」上合作的 KOL 和 KOC 粉絲量普遍不高，根據「千瓜資料」的統計結果，2020 年 10 ～ 12 月，「橘朵」關聯種草達人數量超過 6,000 人，其中粉絲數量少於 10 萬的帳號佔比高達 90% 以上。雖然這些達人的粉絲量不高，但從筆記分析的結果看，與「橘朵」相關的互動量最高的內容，正是出自這些腰部、腿部達人。

透過平台素人搭配腰部、腿部達人大量分享「種草筆記」，「橘朵」逐步提高產品在「小紅書」的聲量和熱度。這種小成本的試錯，能讓品牌

及時根據會員的回饋做調整，放大行銷效果。當然，遇上某些特殊節日時，「橘朵」也會和擁有更多粉絲數量的 KOL 和 KOC 合作，透過預熱活動，為日後的大型促銷做好準備。

　　飽和投放不是毫無重點、缺乏思考地大張旗鼓，而是需要有邏輯地按照需求展開。企業在不同的發展階段，對內容種草當然有不同需求，所以才要選擇不同類型的平台和 KOL、KOC，藉以充分支撐不同時期的內容投放。

---

1. 衡量的在線遊戲、社交網絡服務和行動應用程式用戶活躍度的方法和標準，也可用來判斷上述服務是否成功、合適。正常情況下，因為是測定時間為 30 或 31 天內的活躍用戶數量，故簡稱「月活」。
2. 這是一種利用 Google 搜尋引擎，幫助企業獲利的網站優化概念，是當今數位行銷的關鍵工作項目之一。現代人因過度依賴搜尋引擎，迫使企業開始利用搜尋引擎為品牌增加曝光度，藉此爭取更多流量與免費的曝光機會。
3. 粉絲量級在 100 萬～ 500 萬的活躍達人為腰部達人，10 萬～ 100 萬者為腿部達人。
4. 網路流行詞，指某個人或作品突破某一個小圈子，被更多人接納並認可。
5. 指粉絲量 1,000 萬以上的活躍達人。
6. 「小紅書」專用的資料分析工具，提供會員們分析帳號、熱門筆記、競品投放等功能，有助於快速獲取「小紅書」流量。

內容種草，爲品牌「賦能」

前文提到，品牌在不同的發展階段，需要在不同類型的平台上進行內容種草，至於在每個階段如何開展內容種草並未詳細拆解，所以接下來，我們將重點探討這個問題。

不同發展階段，不同類型的社交媒體

從品牌的演進過程來看，大致會經歷初創期、成長期、成熟期和衰退期四個階段。一般來講，品牌的行銷推廣多半發生在前三個階段。品牌在每個階段都有不同的行銷推廣策略，使用的社交媒體也不盡相同。

初創期

品牌建立初期，務必要將商品要放在品牌之前。當品牌沒沒無名時，消費者習慣以商品好壞來評價品牌；反當品牌具備一定知名度時，消費者便改以品牌來評價產品。因爲，產品功能、使用體驗所帶來的具體感受是創造口碑的基礎。因此在內容種草上，品牌需要的是讓種草、拔草並行，快速擴大知名度和轉化銷售。

從這個角度講，品牌在初創期需要的是讓品牌與用戶分佈高度結合，快速擴大知名度，並選擇與具備較強帶貨能力的社交媒體合作。同時，考慮到新創品牌在資金和經驗上的不足，這個平台更應具備「進入門檻低」的特點。

某保健品牌在中國市場進行試推某款產品時，針對性地選擇以女性用戶為主、種草能力強的「小紅書」作為主要行銷平台。之後，該保健品牌透過打造重點宣傳產品賣點的社交內容，降低消費者的認知門檻，讓用戶快速瞭解產品功能，推動消費轉化。

成長期

品牌在完成從0到1的產品功能為主的種草後，放大從1到10的目標，核心在於透過第一階段的設定資料，完成目標客層模擬。品牌可透過目標客層模擬來綁定關鍵字，之後再圍繞關鍵字做特定客群的破圈種草。

「橘朵」的客群模擬是18 ～ 34 歲的年輕女性，其消費特點是注重性價比和產品包裝設計。因此，「橘朵」在「微博」和「小紅書」上的種草內容，就圍繞「平價性價比產品」、「聯名限量款」等主題展開，從價格、顏值、實用性的角度做宣傳與推廣。

在這個階段，品牌需要的是優質、能為專業科普資訊背書的內容、跳

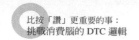
轉[1] 鏈路完整、跳轉體驗良好、投資回報率高的社交媒體。

除了「微博」、「小紅書」，品牌可借助「B 站」上 UP 主[2]的真實開箱點評，展示產品效果和品質，提升用戶對品牌的信任度；品牌可借助「知乎」的專業知識問答平台，透過泛生活領域話題種草，建立品牌口碑，透過長尾效應持續獲取用戶信任，擴增紅利。

成熟期

成熟期的品牌要想得到進一步發展，需要全方位的行銷推廣，覆蓋跨品類的多樣化客戶群體。品牌可透過跨界行銷、品牌聯名等方式，多面向、多場景地展開宣傳活動，擴大宣傳幅度，提升知名度，有效連接用戶。這個階段的品牌需要與公信力強、方便經營私域導流、內容長效價值高、流量大，曝光度高的社交媒體合作。例如品牌可構建全媒體方程式，活用不同媒體的特性來設計行銷活動，全方位傳播品牌資訊，樹立良好形象，吸引消費者。

「元氣森林」為了在初創期建立無糖、清爽的品牌形象，品牌在「微博」、「微信」和「小紅書」上分別進行內容種草。在「微信」平台上，「元氣森林」透過說明過度的糖分對人體有害，激發了無糖飲料的好處；在「小紅書」上則借助很多 KOL 的好物分享，讓產品成功突圍。

進入成長期後，除了原有的種草平台，也開始嘗試在「B 站」和「抖音」

上投放內容。與多位 UP 主（上傳者）在「B 站」上合作，透過美食製作、產品測評進行宣傳；在「抖音」上，除了常規的美食場景植入、好物分享，劇情性內容也是常用的宣傳方式。而跨入成熟期的宣傳方式更趨多變，全平台的行銷宣傳已是常態，線上與線下聯合行銷的活動日增，品牌成功案例的二次傳播也備受重視。

雖然實現內容的飽和輸出，需要企業建立社交媒體方程式，但不是從一開始就要在所有平台上佈局。畢竟剛創立的品牌多半欠缺資金，想拿出大量的預算做行銷宣傳，這顯然不切實際。建立社交媒體方程式是一個循序漸進的過程，事先找好每個發展階段的適配平台，最終也可建立完整的社交媒體方程式。

行業內容種草 VS. 社交媒體方程式

從發展演進的歷程看，企業在不同的發展階段各有不同需要，適配的社交媒體自然也不同。退一步講，不同行業的企業，發展需求差異甚大，所需要的社交媒體肯定也不同。尤其是數位家電、食品飲料、彩妝保養等受社交媒體影響較大的品項，相互間在選擇平台的差異將更明顯。接下來，我們產業別來梳理不同行業對社交媒體的差異化需求。

3C 科技業

3C 科技項目的商品價格相對較高，消費者在做決策時往往更為謹慎。

品牌在行銷時，主要透過前期的話題曝光，幫助消費者對品牌建立初步認知，然後透過新品發佈、電商平台促銷等活動帶動短期業績增長。品牌往往會挑選偏重商品評測和使用攻略的社交媒體，強調專業度，故而習慣直接轉化精準流量，例如「微博」、「微信」等社交媒體，對其助益甚大。

食品餐飲業

與 3C 產品不同，食品飲料的客單價低，決策路徑相對較短，屬於短決策的衝動型消費品項。這種類型的品牌在操作行銷活動時，更為重視銷量和曝光度的同步增長，藉以建立口碑和打造差異化品牌。某些相對特殊的新品牌，因產品涉及全新概念，所以企業還得留意關鍵用戶場景的精準傳播。所以在社交媒體的選擇上，食品飲料業更偏重於流量大、趣味性強的社交媒體，如「微博」、「抖音」等。

彩妝保養品業

彩妝保養品業因兼具上述二者的特性，消費者在下決策時會感性和理性並重，體驗分享和成分科普都會影響他們的購買決策。雖然美妝、保養品常被放在一起組成一個品項，但實際上美妝、保養品類各具特點。彩妝品牌更關注品牌曝光和產品種草的感性內容輸出，保養品品牌則較傾向在商品成分的配比和使用體驗等理性內容上。所以適合彩妝、保養品類宣傳需求的平台，通常必須是具備強勁品牌曝光力道和產品種草能力的社交媒體，如「微博」、「小紅書」等便是。

汽車零售業

隨著主流消費人群的年輕化，汽車品牌也不得放棄傳統的經銷商模式，開始嘗試更多的行銷傳播手段，借助用戶的關注熱度實現銷售轉化。在選擇社交媒體時，汽車品牌往往會傾向於如「微博」、「抖音」、「快手」等年輕人聚集的平台。透過社交媒體擴大流量的傳播效果，協助短影音、圖文等明星媒介資源，實現全方位、立體化、多面向傳播的目的。更重要的是，這些平台的演算法分發機制，可幫助汽車品牌更加瞭解客群的差異性，吸引目標客層，制訂更精準的行銷策略，全面覆蓋社交平台規則。

「東風雪鐵龍」與「微博」合作，打造以「有享法逸起來」為主題的互動行銷板塊。在主題下發佈一些與汽車相關的內容，如產品細節介紹、功能使用說明等，在「微博」上則會將內容分發到對相關內容感興趣的使用者，為行銷活動引流，說明傳播品牌資訊和塑造品牌形象。

當然，在汽車智慧化潮流下，「B站」、「知乎」、「小紅書」等可為品牌創造、傳播知識性內容，也是汽車品牌業者青睞的行銷管道之一。

「長城汽車」針對新推出的哈佛H6，選擇和「B站」聯合推出的「次元狂想」直播盛典，不僅將汽車這個業態成功融入二次元文化中，更透過展示語音操控、網路服務等深受年輕人關注的功能，成功吸引大量用戶關注，既改變「長城汽車」以往的品牌形象，更加貼近年輕消費者。

　　不分業態或發展階段，企業都需要不同類型的社交媒體來賦能自身發展。當然，並不是說特定品類、特定的發展階段，就一定需要在某個平台上進行種草，而不能選擇其他平台。這種所謂的對應性，強調的是最好的解法，而非唯一解方。

　　總之，充分輸出優質內容，對品牌的發展意義非凡。從使用者角度看，飽和的內容既可塑造超級口碑，更能加深用戶對該樣產品的記憶；從品牌角度看，透過創新內容打造優質形象，讓用戶們對產品記憶更深刻；從產品角度看，以圖文並茂、短影音加持產品的視覺感受，更是讓產品社交力大幅提升。也就是說，合適的內容可在合適的社交媒體方程式上樹立良好的品牌形象，提高流量轉化。也就是說，在品牌直接面對消費者的過程中，飽和內容肯定是不可缺少的一塊……。

---

1. 意指使用者進入一個頁面後，忽然又轉到另一個頁面，這就是跳轉。
2. 「Up」即爲 Upload（上傳）的縮寫，「主」即本人，總結意指上傳者本人。

Chapter 7

超級經營：
從「產品」進階到「品牌」

當今市場上存在著大量缺乏品牌競爭力的消費品企業，它們主要銷售一些性價比較高的產品。我們生活中很多屬於剛需品項的產品都屬於這個種類。由於產品性價比高，這些消費品企業的產品通常十分暢銷，也正是因為營業額夠大，企業不至於因為低潤過低而虧錢、倒閉。

　　這些消費品企業生產的商品雖然暢銷，但品牌競爭力相對有限。用戶對商品的訴求偏重功能和性價比，少有人關注商品背後的品牌價值。因此，這樣的消費品企業幾乎沒有任何抵禦市場風險的壁壘，一旦市場上出現性價比更高的同類型商品，消費者就會輕易變心轉向購買其他新品。以產品及價格驅動營收為主的品牌，尤其是新創品牌，因為消費者對它們尚無品牌認知，遑論品牌忠誠度。

　　所以，透過經營短期產品的邏輯，新創品牌在一打進市場後就需要秉承長期主義，進行品牌的超級經營，不斷提升品牌競爭力。透過塑造品牌形象，成功傳達品牌個性和價值觀，激發消費者想要認識、接觸品牌的欲望，甚至吸引更多志趣相投的消費者加入，實現將獨立顧客個體轉變為具有共情[1]能力的粉絲群體，擴大品牌知名度，取得品牌忠誠度，讓品牌自帶流量。

---

1. 共情（Empathy），又稱同理心，在這裡指的是人與人之間的感同身受。

解讀「超級經營齒輪」模型

7.1

　　經營品牌不是一項簡單的工作，而是一套複雜的系統工程。總結多年的經驗，筆者提出一個「超級經營齒輪」模型。

　　優秀的消費品牌擅長與客戶維持良好互動，進而擁有客戶的忠誠度。在忠實客戶群的認知中，品牌不只能為自己提供優質的產品和服務，更是一種生活態度的象徵。高忠誠度的客戶不僅會持續購買，持續為品牌帶來收益，還可以幫助企業建立良好口碑，做足宣傳工作。

　　此外，還可介紹更多新客戶，為企業節省行銷成本。良好的客戶關係能為品牌帶來諸多好處，超級經營因此成為建立並強化品牌與客戶關係、培養高忠誠度的客戶、提升品牌價值的關鍵手段。

　　在經營品牌的實務工作中，企業通常需要完成以下四項主要工作：經營經營品牌話題、經營品牌 IP、經營社交關係、經營全領域消費客層。結合這四個項目，便組成了品牌的「超級經營齒輪」模型，如（圖 7-1）所示。

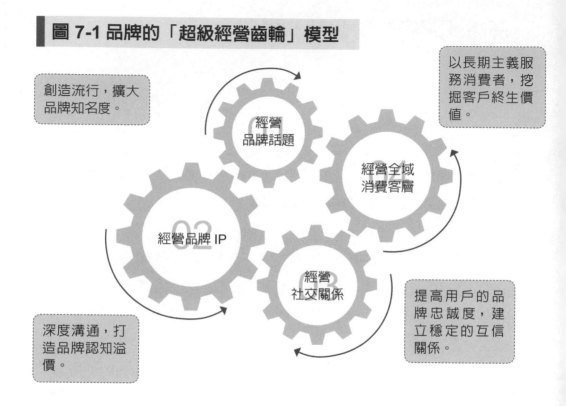

圖 7-1 品牌的「超級經營齒輪」模型

創造流行，擴大品牌知名度。

以長期主義服務消費者，挖掘客戶終生價值。

經營品牌話題

經營全域消費客層

經營品牌 IP

經營社交關係

提高用戶的品牌忠誠度，建立穩定的互信關係。

深度溝通，打造品牌認知溢價。

經營品牌話題：創造流行，擴大品牌知名度

我們現在所處的是一個缺乏注意力的時代，品牌要想吸引消費者注意，被迅速看到，那就需要在有效傳播內容的基礎上，利用話題來打破與消費者之間的隔閡，建立彼此熟悉的引子……。

一個具有傳播力的話題，不僅能在短時間內吸引特定消費客層的主動討論、轉發，還能衍生出各種話題，帶來更多流量。此時，消費者對品牌

雖還未深入瞭解，但品牌可以密集、頻繁地出現在大眾視野中，抓住消費者的注意力，加深大家對品牌的印象。

經營品牌 IP：深度溝通，打造品牌認知溢價

所謂品牌 IP 化，就是「利用打造 IP 的方式，塑造品牌形象和建立消費認知。」作為一個超級槓桿，在流量成本日益升高的前提下，IP 的未來只會越來越重要。

企業需要緊密圍繞品牌和產品所服務的消費者進行 IP 演繹，透過持續輸出個性化的品牌內容，從情緒和感受甚至情節方面來與消費者深度溝通。這樣不僅可打造品牌差異化「標籤」，還能充分體現企業的品牌文化和價值，讓消費者更深刻地理解品牌、認可品牌。

經營社交關係：提高用戶的品牌忠誠度，打造互信基礎

經營社交關係就是將品牌視為一個平台，建立品牌社區，持續透過品牌社會化內容來與消費者做社交對話、共創品牌形象及體驗，將彼此的關係從陌生人變成像家人一般。

很多品牌認為，借助流量優勢尋找與消費者溝通、互動的連接點，找到最短的溝通路徑達成交易，這就是所謂的社交關係經營。實際上，點

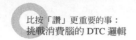
頭之交和莫逆之交之間有著天壤之別，簡單的連接不等於成功建立社交關係。品牌真正需要的是借助社交媒體，在與使用者一對一溝通對話的過程中，提高用戶的品牌忠誠度，建立穩定的互信關係。

經營全領域消費客層：持續服務，挖掘客戶終生價值

品牌與消費者的關係越密切，就越能抵制競爭威脅。如今，品牌與消費者連接的觸點相對複雜且無序，傳統線性方式推動消費者決策的行銷方法不再奏效。只有在「公域→私域→成交→忠誠」的順序上，長期服務全領域的粉絲、消費者，才能將其逐漸沉澱為品牌的長期客戶，獲取客戶能帶來的終生價值。

總的來說，經營品牌話題、品牌 IP、社交關係和與全領域消費客層，這就是品牌與消費者建立關係並不斷強化互信基礎的過程，也是品牌經營的歷程。

經營品牌就是一個以消費者為中心的概念，須知「沒有消費者，就沒有品牌。」品牌之所以存在，是因為它可為消費者創造價值，帶來利益。經營品牌的過程，我們必須根據消費者所處的不同消費階段，設計不同的經營方案。

圖 7-2 各用戶階段的品牌經營關鍵

階段 1　　陌生人	階段 2　　熟人
關鍵經營行為 加深印象	**關鍵經營行為** 偶爾接觸
階段狀態描述 品牌與消費者之間互不瞭解	**階段狀態描述** 消費者對品牌有記憶點，品牌與消費者相互認識。

階段 3　　朋友	階段 4　　家人
關鍵經營行為 互動頻繁	**關鍵經營行為** 主動維護
階段狀態描述 消費者認同品牌認同且持續選購，品牌與消費者彼此瞭解。	**階段狀態描述** 消費者對品牌忠誠度高，品牌與消費者之間具備深度價值連結。

　　《體驗思維》書中曾提到的「品牌與消費者關係模型」，將品牌和消費者的關係發展劃分為四個階段：陌生人→熟人→友人→家人。在每個階段的品牌經營，都有不同的關鍵行為，如（圖 7-2）所示。

陌生人：加深印象

　　在現實生活中，我們常會遇到很多陌生人，其中絕大多數都是擦肩而

過，不會產生太多交集。如果某個陌生人貿然邀請你去做一件事，相信你也不會輕易答應。品牌與消費者的初相見，應也是如此……。品牌只有在合適的時間、地點與機會下邀請消費者，方才不會被視爲是打擾和冒犯。

從建立社交關係的角度思考，品牌需借助「互動分享」的內容去吸引關注。這樣，在產生記憶點的同時，還能形成有效的連接和對話，讓目標客層辨識品牌。但在現實中，很多品牌都是透過一些噱頭吸引消費者注意，這樣雖能在短時間內被關注，但由此得來的結果並不持久，互動也未必奏效。

很多品牌會在行銷過程中設計一些激勵手段，鼓勵消費者在朋友圈內分享自己的消費或使用體驗。使用者爲了得到獎勵，或許會主動分享內容，但這種分享大多是不帶感情的。

很多網路品牌常使用大規模補貼的行銷模式，憑藉優惠福利、打折等促銷方案，快速累積用戶量。不過一旦品牌不再發放優惠券或折扣幅度下降，那就很難推動老用戶複購和新用戶下單。雖然優惠券實現了消費轉化，但品牌與消費者之間依然處於「熟人未滿」的陌生階段。

品牌與消費者的初次接觸，應該圍繞消費者進行互動，即使是單純地圍繞著品牌而來的對話，也會是對品牌的一種記憶點。

熟人：偶爾接觸

在日常交往中，我們會透過感興趣的話題結識新朋友，然後在持續溝通和互動中逐漸獲得信任，產生持續且穩定的聯繫。經營企業的品牌也是同樣的邏輯，當單純的互動分享累積到一定程度，就得透過「承諾許可」培養熟悉消費者對品牌的信任。這個承諾可以來自品牌本身，也可以透過社交媒體 KOL 和 KOC 的背書而來。信任是一種累積，品牌要靠零散但持續的溝通，一點一滴地真誠付出，逐漸沉澱人際交往。不要輕易滿足於成功的消費轉化，企業真正需要的是讓使用者對品牌持續且穩固的信心，願意和品牌建立更深層的社交關係。

朋友：互動頻繁

品牌能夠取得消費者信任是一件非常不容易的事情，企業切勿過早消耗這份信任，否則一旦信任關係被打破，那就很難復返了。在熟人關係的基礎上，品牌所要做的是不斷提高互動頻率，強化消費者的信任，建立更長久的友人關係。除了提升互動頻率，品牌還需滿足消費者的參與感，不再只是圍繞產品的宣傳或背書，而是要嘗試融入消費者的社交圈和同溫層，建設具有認同內涵的品牌人際傳播鏈。

家人：主動維護

朋友會願意為你付出，而家人的付出幾乎是無條件的，所以品牌各個

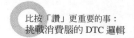

都希望能與消費者變成像是終生相伴的家人。只有成為品牌的家人，消費者才會自動為品牌發展投入更多資金、時間、精力和情感。要想讓消費者成為品牌的家人，品牌就要有成為馬拉松選手的心理準備，持續輸出穩定的價值觀，與消費者尋求共鳴與共振。

總而言之，品牌超級經營的本質是基於品牌與消費者的四個階段關係，探究每個階段可利用的話題、IP、社交關係、全領域消費客層等，快速擴大品牌知名度，啟動品牌自產流量的能力，與消費者建立更親密的關係，培養他們對品牌的忠誠度，持續驅動價值增長。

經營品牌話題

現在的消費者對於純粹的行銷內容，通常不感興趣甚至有些反感，常規的廣告宣傳無法打破品牌與陌生消費者之間的那層冰……。在破冰階段，最合理的做法是借助話題的熱度，在消費群體中創造流行趨勢，獲得關注。

自帶傳播性，打響品牌知名度的第一槍

在經營品牌話題的初期，企業需要圍繞著品牌的話題來製造即時熱點，吸引消費者注意，獲取初始流量，打響品牌知名度的第一槍。

很多企業在剛剛進入市場或新品上市時會重點推薦新產品，而在經營話題的初期，品牌要做的就是賦予新產品一些個性化的表達，一方面是為了突出產品的獨特競爭力；另一方面是為了製造話題，吸引消費者關注。

「阿那亞」[1]原本是個乏人問津的房地產項目，周邊沒有商城、醫院等基礎設施，只有一望無際的大海……，就連本地人都很少到這裡來。但之後一條名為「最孤獨的圖書館」的短片，為「阿那亞」帶來人氣與討論熱度，

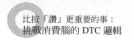

成功實現品牌影響力的傳播。

「孤獨圖書館」是位於阿那亞社區內，一棟靠近海邊的圖書館。短片中的圖書館、孤獨、沙灘、石頭等關鍵元素，為長時間在城市工作和生活的現代人，帶來了極強的視覺衝擊和心靈衝擊。承受著生活和工作壓力，隱藏在心底離群索居的願望，讓人們很容易對這類事物產生好奇和新鮮感。

一夜之間，很多人都知道了秦皇島的阿那亞上有一座「面朝大海，但很孤獨」的圖書館。據說在話題高峰時期，一座不過百來坪大小的圖書館，竟能被三千多名遊客擠滿。

除了圍繞產品製造話題，企業可將產品或品牌融入熱門話題中，讓品牌自帶傳播性。在傳播話題的同時，產品和品牌也可成為討論的一部分，成功出圈，吸引更多關注。

經營話題的初期階段，不是為了解決企業流量池的問題，而是在消費者心中快速建立品牌認知，讓產品和品牌能以最低成本來突圍。類似「雙11」、新品發佈會、品牌大事件等關鍵行銷節點，這都是品牌製造話題時絕對不能錯過的機會。

持續經營話題，創造品牌的長期效應

建立品牌認知，待產品和品牌成功突圍，品牌還會持續經營話題，藉

以打造品牌的長期效應。

消費者關注某話題的熱度，通常是隨著時間的推移而逐漸遞減，所以品牌要圍繞著原有話題，不斷增加新元素和內容或另闢新話題，藉以保證消費者持續關注。只有這樣，品牌才能維持話題熱度，實現長尾效應；同時維持消費者對品牌價值觀的接受度，透過反覆傳播來避免被遺忘，延續並豐富消費者對品牌的記憶，讓品牌保持活力。

經營話題的初期，品牌關注的應是如何吸引消費者注意，成功突圍。但經營話題的最終目的，是讓企業為品牌說一個好聽的故事，滿足消費者的情感需求，傳達品牌態度和價值觀，讓大家由衷地認同品牌。所以，在進行話題經營的過程中，方法必須靈活且多變，而唯一不變的則是品牌價值觀。

「五菱汽車」製造話題的方式和角度便非常活潑，但不變的是話題中所傳達的那份「民眾需要什麼，五菱就製造什麼」的品牌價值觀。長期經營話題，其實就是在消費者心中，持續強化品牌價值觀的過程。當然，這是一個集腋成裘的過程，很難一蹴而就，但只要堅持，但遲早總有一天，會有源源不斷的增量消費者被品牌打動。

---

1. 開發於 2013 年，位於河北省秦皇島市北戴河新區國際滑沙中心北邊。

經營品牌 IP

　　生活在網路世界中的消費者，擁有自己的表達欲望、想法和價值觀，比起企業在行銷宣傳中所傳達的所謂專業建議，他們更願意從自己的親朋好友、同事們口中去瞭解某個產品、品牌。換個角度說，當品牌一旦在消費者的社交圈中變成是一種潮流時，那他們多半就會追隨。

　　現在很多家長為了和孩子保持聯繫，但又希望盡可能避免孩子沉迷手機，便會幫他們購買兒童定位手錶作為日常生活的溝通工具。單純從產品本身出發，某兒童定位手錶的性能相對普通，經營品牌 IP 之所以能夠獲得青睞，原因即在於該品牌對於兒童用戶圈的滲透……。它是早期進入兒童定位手錶領域的品牌之一，因此累積很多用戶。潛在用戶（孩子）看到身邊的同學朋友們都在使用這款產品，而且只有使用同品牌產品才能與同儕交流、聯繫，自然也會對這個品牌的商品產生「唯一性的選擇動機」。

　　業內很多專業人士在評價兒童定位手錶時，強調使用 3C 商品已成為兒童社交的排他性工具。對小朋友來說，兒童定位手錶不只是個聯絡工具，更是標誌並辨識社交身份的 IP 工具。

若說品牌是「理性的內在」，那麼 IP 就是品牌「感性的外在」。在同質化競爭日益激烈的當下，品牌憑藉硬實力勢必很難突圍。企業可把想輸出的資訊包裹在一個感性的外衣下，從消費者的感性思維入手，強化品牌認知，往往可在潛移默化中影響大眾的購買決策。

相對於傳統的行銷模式，IP 經營的優勢非常明顯：品牌一方面可透過 IP 人設、符號、標籤的設計，構建品牌識別體系，讓消費者瞭解品牌的獨特性和優勢；另一方面，品牌可圍繞 IP 人設，不斷創造新鮮話題，讓消費者持續關注。

在實際工作中，品牌應該如何經營 IP ？我們建議企業可從產品 IP、個人 IP、品牌 IP 這三個方向切入。

產品 IP 化，塑造差異化競爭力

在同質化競爭日益激烈的當下，品牌很難透過產品品質在市場上獲得相對競爭優勢。產品 IP 化的主要目的就是跳脫理性層面，透過特殊的感性連接，展現產品的差異化競爭力，獲得消費者關注。

產品 IP 化並非為了提升產品價格，而是為了建立與消費者的獨特情感聯繫，透過經營 IP 的口碑，降低行銷成本，形成競爭壁壘。

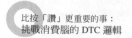
個人 IP 化，企業家也是品牌附加價值

簡單來說，個人 IP 化就是將個人精神注入品牌和企業中，透過個人 IP 的魅力加持，產生號召力。「小米」的雷軍、「特斯拉」的伊隆·馬斯克（Elon Reeve Musk）等都是社交媒體上的大 V[1]，他們擁有龐大的流量和眾多粉絲。個人的 IP 化，可讓企業家的個人影響力與品牌影響力綁定在一起，借助特定的行銷動作，為企業帶來更多流量。

作為「小米」的創始人，雷軍一直扮演著代言人的角色。幾乎每次發佈會，雷軍都會為小米站台。白襯衫、牛仔褲的經典形象，不僅體現了雷軍隨性、自然、厚道的企業家風範，同時也是對小米「價格厚道、感動人心」的品牌定位，最有力的詮釋。對「小米」而言，雷軍的個人 IP 也是品牌形象的重要組成，很多基於個人 IP 的經營，最終也是為了於品牌的整體發展中產生作用。

在「小米」成立十周年的演講中，雷軍講了三個故事。第一個故事是關於「小米」的一個忠實用戶，他是一名風力發電工程師，因為「小米」對用戶的態度，以及願意把價格厚道的產品帶給每個人的願望而成為「米粉」。這名粉絲說過一句話：「因為『小米』不一樣，它的理念不是賺更多錢，它其實選了一條更艱難但更有意義的路。」借著粉絲說過的話，雷軍藉此強調在如今瞬息萬變的時代，「小米」更要保持初心。

第二個是金山的故事，講的是雷軍自己是如何進入金山，又是如何從上一任企業領導者手中接下重任。在講這個故事時，雷軍說過這樣一句話：「今天看起來，當初不理智的選擇，在背後默默影響我的，其實就是四個字—情義無價。十年來，對用戶、對員工、對合作夥伴，『小米』始終如此。」

第三個也是最後一個故事，講的是「小米」上市破發的往事。雷軍強調：「我們一定要努力工作，不能虧了別人的錢。」

三個故事，代表了雷軍個人 IP 的不斷升級，也讓用戶感受到「小米」品牌形象一步步從小創業公司邁向知名「大廠」的逐漸升級。

當然，除了企業創辦人，頂尖業務員、知名技術員、戰略合作夥伴甚至帶有特殊身份的顧客等，同樣都可以打造成為企業的個人 IP。

原因即在於他們的故事，同樣也能感動廣大消費者。

品牌 IP 化，強化品牌情感聯結

品牌 IP 化是透過賦予品牌文化符號的形式，如賣萌的小動物、卡通形象等，軟化品牌的堅硬外殼，用更加感性的方式去吸引消費者。這樣，品牌可以有效遏止消費者對於推銷的抵觸和反感，更容易與品牌成為「朋友」。

　　作為結合網路與實體通路，新零售模式下的首批實驗者，「盒馬鮮生」為了快速接近消費者，從品牌的諧音和標誌出發，打造「盒馬先生」這個 IP 形象。這個憨態可掬的人形河馬，成為品牌最早用於情感交流和表達企業年輕化的助手。

　　之後，隨著業務範圍擴大，消費場景不斷增加，「盒馬鮮生」發現單一的 IP 形象很難承載多樣化的行銷內容，為了實現對所有消費者的有效傳播，企業根據盒馬消費群繪製資料，推出全新的「盒馬家族」IP 形象。在這一形象中，包含了不同年齡層的一家七口，分別對應了 00 後、90 後、80 後、50 後等老中小各階段的個人形象。

　　在日常經營中，「盒馬鮮生」會根據行銷的主要目標客群，設計故事情節，然後透過場景演繹傳達資訊。例如盒馬「雙 12」的「盒馬五周年，請你霸王餐」活動，就是透過「盒馬家族」的故事演繹，介紹了網路平台上、實體通路活動的各式玩法，讓消費者輕鬆瞭解行銷內容，而貼近生活的人物形象和場景，也順勢拉近了消費者與品牌之間的距離。

　　不同於品牌本身的「超級符號」，IP 其實是品牌符號化的延伸，能夠喚醒品牌 IP 核心用戶的深層情感、底層記憶甚至是長期情懷，更是品牌在對抗消費者注意力被分散時的良方。因此，打造 IP 要符合品牌價值觀、精神內核、品牌個性，也要符合核心用戶的情感傾向，與其產生共鳴才行。只有這樣，才能快速吸引消費者注意力，在特定客層內形成熱門議題，讓

獨立的顧客轉變為具有共情能力的群體，由衷地認同品牌並在同溫層中主動分享，形成裂變效應，讓更多消費者看見並認可品牌以及價值觀。

---

1. 指的是活躍於「微博」，擁有大群粉絲的「公眾人物」，通常把粉絲數量在 50 萬以上者即為網路大 V。而 V 就是 Verified，是指已通過認證的用戶，帳戶會在名字後面加註顯示一個 V 字母，是經過微博身份認證的帳戶，後來衍伸成為一種尊稱。

經營社交關係

在今天的市場上，經營品牌就勢必離不開社交這個話題。很多品牌都想與用戶「交朋友」，但最終發現，雙方想要建立穩定的社交關係，其實並不容易。

以消費者為核心，經營「品牌社區」

如今，企業與消費者之間不再是簡單的供需關係，而是更深入的社交關係。畢竟企業追求的不只是一次成功的交易，而是長久的複購與主動推薦。但想建立這種社交關係並不容易，現實中很多品牌為了成為消費者的朋友，採用很多「強制性」措施，例如在登錄品牌官網時，若不註冊帳號或不輸入相關個資，就無法瀏覽相關資訊或訂購商品。採用類似方式看似是讓消費者變成固定用戶，但對方內心並未真正認可品牌，有時甚至還會產生反感。

作為被選擇的一方，品牌更該做的是搭建一個社交平台或社區，透過豐富的管道和內容，持續吸引消費者，賦予品牌真實的社交感。

「堅持和用戶做朋友」是「小米」的品牌理念之一。公司每年都會透過固定的各種行銷活動，加強聯繫粉絲，除了和媒體合作、請明星為品牌代言，也會邀請「米粉」充當品牌代言人。同時，公司也為米粉們創造節日，例如每年的米粉節和米粉俱樂部等，透過這樣的機會讓品牌與消費者面對面互動，以此讓消費者感受「小米」的服務創新，傳達品牌文化。

作為用戶養成型企業的「蔚來」，也非常注重與用戶的溝通與互動。持續投入品牌社區，「蔚來」透過線上 App 和線下俱樂部聯動的完整社交生態，不僅承載用戶的社交需求，還能囊括吃喝玩樂等方面的多場景體驗。蔚來社區為用戶打造的情感體驗，也是增強黏著度與忠誠度的關鍵法寶。

要想和消費者交朋友，品牌首先必須改變自我定位，不僅作為產品和服務的供應者，也要是平台或社區的建構者。

從興趣出發，抓住消費者「情緒點」

現在大多數年輕消費者對產品的認知，已不再侷限於產品功能，而是考慮產品背後的精神價值、附加價值等。對品牌來說，只有真正從消費者體驗的角度出發，匹配消費者的興趣，抓住消費者情緒點，流量才能為傳播助力，拉近品牌與消費者的關係。

之前，品牌聯名是引起消費者興趣的有效行銷方式，兩個原本看似沒

有任何聯繫的品牌突然走在一起，確實很容易引發好奇心。隨著聯名行銷頻繁出現，消費者也逐漸習慣這種行銷手段。現在，即便兩個品牌高調宣佈發佈聯名款新品，也很難引起消費者關注。

實際上，這種來自形式上的新鮮感，來得快，去得也快。真正想要匹配消費者的興趣，抓住消費者痛點，品牌還是要從消費者的特質出發，量身訂制相關行銷活動才行。

「米粉」身上有著鮮明的硬核青年[1]標籤：喜歡擁抱新技術、創新、黑科技。所以「小米」在行銷過程中，也常會從產品的創新、差異化、科技感這三個方向進行設計。

例如與著名波普藝術家凱斯·哈林（Keith Haring）合作發佈的聯名訂製款手錶，借助塗鴉方式表現潮流感，也是以藝術聯名的方式為產品貼上潮流標籤，擄獲了不少年輕消費者的青睞。

又如，和阿薩姆奶茶聯名推出的好心情音樂杯產品，當用戶將奶茶倒入杯子，杯子會有資料感應，播放各種音樂。對強調特立獨行的年輕用戶們來說，這種「飲料＋黑科技」的全新體驗，絕對是值得一試的有趣產品。

興趣是最好的老師，同時也是最好的消費轉化推手。從消費者的興趣標籤出發，品牌更容易被接納，有效建立雙方的深度聯繫。

與用戶們一起製作內容

在交朋友時會發現，兩個人聊得越多越深入，關係就越親密。品牌經營社交關係也是這層道理，只有抓住與消費者巧妙溝通的每一次機會，才能不斷深化雙方的社交關係。

2021 年 3 月底，「小米」宣佈使用新標誌後，引來大量的米粉互動。有人說「小米花錢買了個寂寞」，也有人說「這樣的設計，我也行……」。除此之外，也有很多米粉進行二次創作，用「小米」的新標誌做了一張視力測評表。有趣的是，「小米」還真採納了這個粉絲的建議，特地設計了一款帶有視力表的環保袋。這個舉動再次引起不少米粉的互動討論和購買。

「小米」不只把握每次和用戶溝通的時機，同時也會不斷創造各種與用戶溝通的機會。例如之前組織「雷軍和米粉朋友們的年夜飯」活動。春節前後，雷軍、「小米」團隊與 9 位米粉一起吃年夜飯，聆聽用戶真實的心聲。不僅如此，雷軍之前還在「微博」上發起「雷軍對話米粉」的長期話題，隨時蒐集使用者對「小米」的建議和意見。

實際經營過程中，企業會不自覺地放棄和用戶溝通的機會。例如在電商平台上，用戶常會發佈一些評論，對企業來說，無論是好評的感謝還是差評的解釋，這都是一次展示產品優勢和品牌形象的機會。但很多企業在經營網路商店時會選擇自動回覆，這種千篇一律的標準答案，用戶即便看

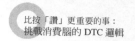
到也不會有反應。

從這個角度來說，經營社交關係的關鍵即在於共創內容。共創可把品牌單方面的公關表達變成與用戶之間的良性溝通，在解決用戶實際問題時，還可充分展現品牌對用戶的重視。

對品牌來說，即便只是一次對用戶評價的有效回覆，也會讓用戶感受到品牌的善心與誠意，與用戶建立更穩定的社交關係。

拓展接觸場景，提供更多消費體驗

在經營社交關係的過程中，搭建品牌社區、輸出內容、共創內容，全部都要多樣化的場景作為支撐。品牌需要根據消費者的興趣和需求，拓展接觸場景，全面覆蓋個人、家庭、外出、公眾場合等場景，透過打造深度的體驗場景，強化與消費者的聯繫。

目前，「小米」的生態鏈已從手機延伸到智慧生活領域。運動手環、平衡車、電動牙刷、掃地機器人、雙肩包、行李箱等多種產品，在小米之家都能找到。隨著生態鏈的逐漸豐富，「小米」成功拓展消費者和品牌接觸的場景，無論網路平台還是實體門市通路，都能形成直接連結消費者的觸點，不僅為消費者提供更豐富的體驗，還加深了和消費者之間的聯繫。

品牌連接消費者的場景越豐富，這便意味著與消費者建立社交關係的

機會越多，製造話題的出發點也更多元。當然，拓展場景不能以犧牲消費者體驗作爲代價，否則一旦失去消費者的信任，即使未來有再多機會，也沒意義。

1. 網路流行語，指的更多的是不被定義，不盲從、特立獨行，堅持過自己認爲是對的人生觀。這個族群奉行的信念就是「做自己」。

經營全域消費客層

　　為了貼近不同類型的消費者，DTC 品牌會把自己的管道擴張到各個社交媒體上。擴張管道既提升了品牌連接消費者的能力，同時增加了經營難度。如果企業針對不同的平台組建不同的經營團隊，一方面隨著用戶數量增加，人力成本會急遽上升，差異化的經營策略也容易讓用戶產生「差別待遇」的反感；另一方面，很多公眾平台上的用戶很難轉化為品牌的個人流量。

　　對品牌而言，更合理的經營策略應該是經營全域的消費群組：打通品牌直接面對消費者的所有管道，將消費者彙聚到以「微信」、全域消費者經營 App、官網為主的品牌私域陣地上，構建全管道消費者經營方程式。與此同時，品牌應借助數位化工具，透過建立會員體系，培養品牌處在不同階段時，與消費者的社交關係，挖掘消費者全生命週期價值。

數位化—經營會員資料的利器

　　要想打通品牌直接面對消費者的所有管道並組建會員體系，前提是品牌必須充分瞭解自己的消費客群。只有明白消費者的喜好和習慣，品牌才

能成功設計經營策略，推動消費者進入品牌的私域流量池。

在過去主要使用現金支付和刷卡消費的時代，品牌很難知道消費者從何而來？購買了哪些產品？即便有交易記錄，也很難將具體資訊對應到某個消費者身上。現在，隨著數位化技術逐漸成熟，透過業務前後端的數位化重構，品牌可以有效匯集消費者的消費資料，分析消費偏好和習慣。有了足夠的資料作後盾，品牌的決策管理也會更精準，實現降本增效的目標。

無論消費者在何種場景下進行消費，「盒馬鮮生」的訂單最終都會匯集到統一的交易平台上。這個設置是為了有效收集資料，充分瞭解消費者偏好和習慣，設計正確的經營方針。

為了確保資料的準確及效用，「盒馬鮮生」致力於將實體通路的私域流量、網路平台公眾流量，轉化為官網上的私域流量。例如消費者在門市消費，但卻需要到自己的點單小程式中付費。透過這種支付設計，讓線下的消費者成功變為盒馬線上小程式的使用者。

始終強調品牌要和消費者建立穩定的社交關係，如果一點也不瞭解消費者，又怎麼和他們作朋友？所以，還請企業務必要把能夠幫助品牌瞭解消費者特性的數位化技術，視為重要的基礎能力來看待。

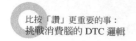
找尋與用戶「持續溝通」的關鍵觸點

品牌與消費者建立社交關係必須雙向通暢，品牌可以主動創造溝通機會，但也要得到消費者認可，雙方才能建立真正的聯繫。在建立社交關係的過程中，把握時機很重要，如果品牌可在一個合適的節點，輸出合適的話題，便可事半功倍地獲得消費者好感。這也是品牌為何需要找到與消費者產生持續社交溝通的關鍵私域觸點。

在現實中，每個品牌都有自己連接消費者的管道，但不是每個管道都能把消費者轉化為自己的私域流量。

NIKE 擁有很多行銷管道，「微信」平台上有公眾號和小程序，電商平台上也有旗艦店和分銷商的店鋪。雖然品牌可在電商平台上與消費者交流，但往往是消費者主動發起，即便品牌主動溝通，也會因為無法及時收發資訊，而得不到有效回應。類似這樣的管道，很難作為建立社交關係的關鍵觸點。

對 NIKE 來說，真正的關鍵私域觸點是官網、App、小程序等。在這些管道中，品牌隨時可與消費者溝通，而消費者也能隨時看到品牌發出的內容，溝通沒有障礙，自然更容易建立社交關係。

目前來看，很多品牌都傾向於在「微信」生態中建設關鍵私域觸點，

一方面因為「微信」人們日常生活中最常用的社交工具；另一方面則是因為「微信」平台上的完善資料庫，可為品牌提供精準的用戶資料。

NIKE 的小程式具備說明使用者建立運動計畫的功能，透過日常建議和回饋，可與用戶建立良性溝通。美妝品牌 YSL 的小程式更像是一個分享社區，用戶可在小程序中分享個人的產品體驗，獲取積分。透過這種既能滿足用戶分享欲望，又具有一定趣味的形式，YSL 的小程式已成為品牌與用戶、用戶與用戶之間的社交管道。

從經營消費者的角度來說，找到關鍵私域觸點所在的平台並非重點。畢竟平台只是連接消費者的載體，品牌與消費者之間能否建立社交關係，取決於是否找到與品牌相關且可持續的話題，讓消費者主動參與互動。

搭建統一的全管道會員體系

同樣作為品牌的私域流量，品牌的會員和公眾號、小程式中使用者的意義便截然不同。前者意味著更高度的認同和更深入的信任，代表了持續的複購和可能發生的社交裂變。所以幾乎所有的消費品企業都希望，能將用戶轉化為會員，但這非易事。

當今企業需要的是一套能夠兼顧不同類型用戶的全管道會員體系。一方面是因為全管道會員體系可以聚沙成塔，大幅提升會員量；另一方面，

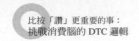

統一的體系也代表了可標準化的消費體驗，在確保公平的同時，還能提升用戶對品牌的信任。

在實際的工作中，搭建全管道會員體系通常會分成三個步驟。首先，企業需要打通不同管道的會員資料，找到統一管理的辦法。一般消費品企業在經營過程中，每個管道都會沉澱部分會員，例如「良品鋪子」的實體門市有獨立的會員體系，線上 App 也有自己的會員體系。一般情況下，不同管道的會員體系會存在較大差異，爲了建立統一的會員體系，品牌需要綜合分析不同管道會員的資料，建立統一的標籤和畫像分類，找到對所有管道用戶均有效的管理思路。

「寶島眼鏡」的門市會設置數位化管理系統，店員會將在每個門市驗光、配鏡的消費者相關資訊做系統標記。在記錄的同時，店員和驗光師還會根據使用者特徵和偏好，爲用戶貼上準確的標籤，此舉爲後續的會員管理工作提供明確方向。

其次，企業需要根據既定思路，構建會員成長系統，設計針對不同等級會員的行銷方案。一般情況下，新客戶的行銷主要以推動轉化爲主；老客戶的行銷則分爲拉動複購和強化分享這兩方面。在具體經營過程中，企業設計行銷方式需以資料分析爲依據。

「永輝超市」透過經營數位化系統，精準分析會員需求。以此爲基礎，

「永輝超市」能夠提前預測可能出現銷量暴增的產品類型，提早安排倉儲，調派足夠的運送人力。數位化的優勢，讓「永輝超市」與其他傳統超市相比，反應能力更快，在疫情期間為多數會員提供緊缺的各項物資，無形中加強了會員對品牌的信任。

最後，會員體系並非一成不變，品牌也要根據經營會員的實際情況，及時調整，確保經營效果的最大化。

採用 SOP[1] 管理體系，讓經營精緻化

對品牌而言，經營全管道消費群組是一件越早進行越早完工的任務，因為用戶數量越少，分析和經營的複雜程度越低。那麼用戶數量龐大的品牌應該如何經營全域消費客群？我的建議是採用標準作業程式（Standard Operating Proceduce，SOP）的會員體系進行精細化經營。

簡單來說，SOP 的會員體系就是在原有的會員體系中，加入標準化的流程。這樣一來，企業只需輸入用戶基本相關資料，會員體系便會自動運轉，選用設計好的模式去媒合用戶，精準行銷。

具體來說，企業在設計會員體系時，要根據全管道使用者的資料，為用戶設定標籤，進行分組。企業在建立標準化會員體系時，也要匯整原本的標籤，把碎片化標籤轉變成可用的標籤資料夾，根據每個標籤資料夾內，

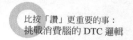

用戶群體的精準需求，設計個性化的行銷方案。

然後，企業按照用戶全生命週期，將行銷方案拆解成具體的執行流程，按照計畫並逐步推展、經營全域消費者。

在提升複購的用戶經營上，「瑞幸咖啡」採用的就是一條龍的標準化、自動化流程。例如用戶在「瑞幸咖啡」下單第一杯咖啡時，得到的折扣力度通常較大，假設是1折。之後為了提升用戶複購率，「瑞幸咖啡」會繼續發放優惠券，但折扣力度會相對降低，第二次可能是2折，第三次可能就是5折。在持續給予折扣優惠的鼓勵下，用戶流失率大幅降低。等到用戶習慣每天喝一杯「瑞幸咖啡」時，即便折扣僅僅只是9.5折甚至9.8折，他們依然會繼續複購。

面對龐大的用戶，如果每天都以人力計算優惠額度，一方面容易出錯，另外也會嚴重消耗員工精力。而標準化、自動化的會員體系即可有效解決這個問題。

總的來說，數位化是全域消費者經營的基礎，關鍵私域觸點則是運營的切入點；會員體系是經營的系統架構，SOP 的會員體系則是運營的必要手段。在全域消費者經營過程中會涉及很多專業課題，包括匯總分析使用者資料、建立管道、搭建會員體系等，只有經過長期努力和累積，企業和消費者之間才能真正建立深厚感情。

　　也正因如此，在經營品牌這個課題上，企業要時刻提醒自己務必堅持下去，不因一時失利而放棄，也不為眼前利益而改弦易轍。很多世界知名的消費品牌，都是經歷長年累月的經營，或許傳統守舊，但仍有消費者願意買單。很多年輕品牌雖跟隨潮流應運而生，但朝令夕改下往往只會讓人怯步。

　　「DTC 品牌雙環增長」模型的外環，即長效增長的三個重要環節—關鍵管道、飽和內容和超級經營，三者共構了一組相互交織的齒輪系統。在品牌「從極致單品到龍頭品牌」的成長道路上，三個齒輪產生的動力，將產品及價格增長驅動轉向品牌，成功帶動品牌的勢能與溢價。

---

1. 是指以統一的格式，描述某一事件的標準操作步驟和要求，用於指導和規範日常工作。

DTC 品牌未來的權衡與佈局……[1]

我曾見過頂尖的諮詢機構和知名電商平台，在市場上零星地提出「品牌將會融合私域與公域」、「品牌正在整合線上與線下」等理論。為此，我想進一步思考何謂「整合」？又該如何定義「融合」？於是，我重新整理過往的實戰經驗及研究數據，整理完成這本書。我深信，這不只是一個簡單的想法，更是一個解決品牌困頓的途徑。

如今，消費者的確越來越挑剔，為了提升他們的消費體驗，也有一些品牌採取從實體店鋪走向網路平台的策略，同時也有很多原本主攻網路購物的 DTC 品牌，開始佈局實體通路的快閃店或門市。就像我在先前的章節中曾經提過的，無論身處什麼時代，實體門市可為消費者帶來最真實、直觀的購物體驗，這絕對是其他管道無法取代的優勢。

而在未來，消費者需求的差異化肯定會更進一步提升，在消費體驗上的需求勢必會不斷朝向個性化發展。同時，由於消費者複雜且多樣的需求，消費過程肯定也會從統一慢慢轉變為無序的狀態，而企業連接消費者的關鍵觸點，自然也會因為客戶消費過程的無序，開始變得更加碎片化。

　　在這種形勢下，企業必須權衡和佈局更多元的管道，才能有效連接、管理和經營不同屬性的消費客群，盡可能提供多樣的消費體驗，滿足不同客層差異化、個性化的需求。也就是說，企業在未來需要有策略、更靈活地運用各種方法，實現消費管道的自主性。具體地說，結合網路平台與實體通路，可為企業引進更多優勢，比如

　　1. 打通全方位的購物體驗，為消費者提供更具個性化的服務。

　　2. 提升實體通路門市的靈活性，讓大眾能夠更輕鬆地獲取高品質的消費體驗。

　　3. 提升網路購物平台、管道之間的互動，讓消費者更加瞭解品牌所提供的產品和服務。

　　4. 提供靈活的退換貨管道，強化用戶的信任。

　　Love,Bonito 是新加坡的一家本土時尚品牌，最早是透過網路平台銷售自己的產品，之後為了滿足消費者的各種需求，開始設置實體門市，藉此強化品牌優勢。此外，Love,Bonito 打通網路與實體門市的會員系統，無論實體門市裡的業務還是網路平台上的客服，均可依據使用者的支付訊息，清楚判斷對方是新客人還是老客戶？藉此提供最客製化的服務。

　　其次，Love,Bonito 打通網路與實體門市的銷售管道，消費者在門市挑選商品，若門市裡沒有合適的尺碼或顏色，服務人員會向客戶 明情況並請他們改從網路下單，再由其他倉庫發貨，盡可能滿足消費者的特殊需求。

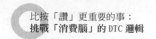

而消費者若覺得在網路商店購買的產品並不合適自己，也能直接到門市進行退、換商品。

當然，若從最大限度地獲客、打造全方位消費體驗來考量，企業除了自有管道，尤其那些像經銷商之類的非直營管道，也是 DTC 品牌未來亟需權衡和佈局的重點項目之一。2020 年，體育用品「安踏」宣佈全面推進安踏集團的數位化轉型戰略，希望透過「直接面對消費者」的模式，重新打造針對「人、貨、場」的經營策略。

而在這個轉型過程中，「安踏」所使用的關鍵策略就是全面收購原由經銷商經營的門市，計畫將全中國 11 個省市，總計約 3,600 家店鋪的 60% 收歸總部直營管理，再保留 40% 的門市由加盟商來經營。而此一目的無非是希望讓原本的傳統非直營管道升級、轉型，把無法直接面對消費者的非直營渠道，變成由總部監管、經銷商管理的方式，達到透過收購來形成網路平台、實體門市合作，一起「直接面對消費者」的效果。

不論未來如何發展，消費者始終不會放棄追求更美好的消費體驗，所以即便是傳統的非直營管道，也需要直接面對消費者。未來實體門市和非直營管道很有可能會成為 DTC 品牌持續增長的關鍵。而這也標誌著 DTC 的轉變，不僅要全面覆蓋，更要多方融合。

我們確實看到 DTC 的轉變，也持續推動許多行業進行行銷改革，尤

其是傳統產業學習 DTC 品牌經營，建立品牌與消費者的溝通管道，實踐全面性的客層經營，尤其是汽車業、家飾品業、酒店業、觀光旅遊業、房地產業者、裝潢設計業、珠寶精品銷售、家電代理銷售等客單價相對偏高的行業，更需透過 DTC 來轉型，成功獲得大眾青睞，大幅擴增業績。

---

1. 本文參考德勤（Deloitte Touche Tohmatsu）和天貓聯合發佈的《秉持長期主義，創造長期價值—FAST+ 方法論：以私域為核心的全域消費者持續運營》一文資料。

參考文獻

1.《十億美元品牌的祕密：引爆電商、新創、零售的 DTC 模式，從產業巨頭手中搶走市場！》（*Billion Dollar Brand Club: How Dollar Shave Club- Warby Parker- and Other Disruptors Are Remaking Wh*）勞倫斯‧英格拉西亞（Lawrence Ingrassia）著；李佳容、張以萱、陳亭瑄、蔡佳甄 譯；商周出版，2022.

2.《DTC 轉型戰略：直面消費者業務的頂層設計架構與方法論》王曉峰 著；北京：機械工業出版社，2022.

3.《第二曲線創新（2 版）》李善友 著；北京：人民郵電出版社，2020.

4.《行銷革命 4.0：從傳統到數字》（*MARKETING 4.0*）菲力浦‧科特勒（Philip Kotler）；王賽 譯；北京：機械工業出版社，2017.

5.《用戶思維＋：好產品讓用戶為自己尖叫》（*BADASS：MAKING USERS AWESOME*）凱西‧希拉（Kathy Sierra）著；石航 譯；北京：人民郵電出版社，2017.

6.《大連接：社會網路是如何形成的以及對人類現實行為的影響》（*Connected：The Surprising Power of Our Social Networks and How They Shape Our Lives*）尼古拉斯‧克里斯塔基斯（Nicholas A. Christakis）、詹姆斯‧富勒（James H. Fowler）著；簡學 譯；北京：中國人民大學出版社，2012.

7.《品類戰略：十周年實踐版》張雲、王剛 著；北京：機械工業出版社，2017.

8.《定位》（*Positioning*）艾‧里斯（Al Ries）、傑克‧特勞特（Jack Trout）著；鄧德隆、火華強 譯；北京：機械工業出版社，2010.

9.《體驗思維》黃峰、賴祖傑 著；天津：天津科學技術出版社，2020.

10.《引爆 IP 紅利》水青衣、焱公子 著；北京：中國友誼出版公司，2022.

11.《產品三觀》賈偉 著；北京：中信出版社，2021.

識財經

比按「讚」更重要的事：
挑戰消費腦的 DTC 邏輯

作　　者—牟家和
視覺設計—徐思文
主　　編—林憶純
行銷企劃—蔡雨庭

總 編 輯—梁芳春
董 事 長—趙政岷
出 版 者—時報文化出版企業股份有限公司
　　　　　108019 台北市和平西路三段 240 號
　　　　　發行專線—（02）2306-6842
　　　　　讀者服務專線—0800-231-705、（02）2304-7103
　　　　　讀者服務傳真—（02）2304-6858
　　　　　郵撥—19344724 時報文化出版公司
　　　　　信箱—10899 臺北華江橋郵局第 99 號信箱
時報悅讀網—www.readingtimes.com.tw
電子郵箱—yoho@readingtimes.com.tw
法律顧問—理律法律事務所　陳長文律師、李念祖律師
印　　刷—勁達印刷有限公司
初版一刷—2024 年 5 月 17 日
定　　價—新台幣 350 元

版權所有 翻印必究
（缺頁或破損的書，請寄回更換）

時報文化出版公司成立於 1975 年，並於 1999 年股票上櫃公開發行，於
2008 年脫離中時集團非屬旺中，以「尊重智慧與創意的文化事業」為信念。

比按「讚」更重要的事：挑戰消費腦的 DTC 邏輯／牟家和作．— 初版．
— 臺北市：時報文化出版企業股份有限公司，2024.05
　　　　280 面；14.8*21 公分．—（識財經）
　　　　ISBN 978-626-396-017-6（平裝）
　　　　1.CST: 行銷策略 2.CST: 銷售管理 3.CST: 行銷學
496　　113002419

ISBN 978-626-396-017-6
Printed in Taiwan.